凌晨四点半，叫醒你的是梦想

华芳 著

中国华侨出版社

图书在版编目（CIP）数据

凌晨四点半，叫醒你的是梦想 / 华芳著 .—北京：
中国华侨出版社，2016.12
　ISBN 978-7-5113-6598-9

　Ⅰ.①凌…　Ⅱ.①华…　Ⅲ.①成功心理 – 通俗读物
Ⅳ.① B848.4–49

中国版本图书馆 CIP 数据核字（2016）第 290043 号

凌晨四点半，叫醒你的是梦想

著　者 / 华　芳	
责任编辑 / 文　蕾	
责任校对 / 王京燕	
经　销 / 新华书店	
开　本 / 670 毫米 × 960 毫米　1/16　印张 /18　字数 /261 千字	
印　刷 / 北京建泰印刷有限公司	
版　次 / 2017 年 1 月第 1 版　2017 年 1 月第 1 次印刷	
书　号 / ISBN 978-7-5113-6598-9	
定　价 / 33.00 元	

中国华侨出版社　北京市朝阳区静安里 26 号通成达大厦 3 层　邮编：100028
法律顾问：陈鹰律师事务所
编辑部：（010）64443056　　64443979
发行部：（010）64443051　　传真：（010）64439708
网　址：www.oveaschin.com
E-mail：oveaschin@sina.com

关于凌晨四点半，有两个最著名的故事，一是众所周知的哈佛凌晨四点半，说的是哈佛大学凌晨时分学生就已经开始勤奋读书学习，这也成了哈佛大学的一道独特风景；另一个是讲 NBA 退役巨星科比回答采访记者的一句话"你知道洛杉矶凌晨四点钟是什么样子吗？"说的是科比凌晨四点就开始训练的故事。

很多年轻朋友会问：努力，究竟有什么意义？在尚未认清世界之前，每个人都会有同样的困惑，他们不理解自己起早贪黑读书、工作的意义在哪里，或许是表面上的分数与工资，或许是身边人的督促与唠叨，生活的本意在不断提醒我们：这是你必须做的。所以，一直以来，被动地努力是我们学习、工作的主旋律。

时间与阅历赋予我们的，除了老去的痕迹，还有对人生的睿智洞察。当你渐渐成长，你会慢慢发现，努力的意义不在于获得简单的分数与工资，不在于跟随主流、让自己在群体中显得不那么突兀，它会让你在充盈自己的同时接触到更广阔的世界，那是一种更高的格局，是一种更丰富、更美妙的精神世界。

而更为重要的是，那时你会拥有一种能力——"不依靠任何人实现梦想"的能力。这也是为什么哈佛学生和科比凌晨四点半开始奋斗的原因——努力是梦想唯一的出路。很多时候，并非梦想遥远，而是你还未拼尽全力。

你还那么年轻，拥有很多"做梦"的权利。即使现在的生活并不如意，即使现在的自己并不优秀，也不能阻挡拥抱未来的机会。这本书写给所有站在人生起跑线的年轻人，告诉你如何凭借自发的努力拥抱未来，为自己开辟出一条梦想之路。愿每天凌晨四点半，叫醒你的不是闹钟，而是梦想！

C 目 录
ontents

第五章 **行动**：做才能改变，开启不断完善自我的进程

第六章 **激发**：点燃潜能的小宇宙

第七章　**努力：努力的方式需要不断优化**

第八章　**心智：外修型，内修心**

第一章
梦 想

现在，你清楚自己想要什么了吗

在哈佛，凌晨四点半是一种态度

英国的一家电视台曾经做过一个专题节目，标题为《凌晨四点半》。在节目中，拍摄了一个普通的凌晨四点半时刻，夜空一片漆黑，繁星点点下的哈佛图书馆内却早已座无虚席。整个图书馆中的哈佛学子都在静静地看书、认真地做笔记、积极地思考问题，安静的场景如同一幅写实主义的油画，令人震撼。

凌晨四点半是一种态度

我们口中的"凌晨四点半"是一个时间，而在哈佛，凌晨四点半却是一种态度。一种不肯一丝松懈，不肯错过一点点时间的积极进取的态度。

央视曾有过一个节目，名为《世界著名大学》。该节目的制片人曾到哈佛大学采访。事后，她不无感慨地说道：当我们到达哈佛大学时已是凌晨两点钟，可让人想不到的是，整个哈佛校园灯火通明，充满勃勃生机，就如同一座不夜城。走入餐厅，走入图书馆，走入教室……走入任何一个地方都能发现很多学生正在看书，我们一下就被那种强烈的学习气氛感染了。在哈佛校园中，学生们不分白天和黑夜地学习。而直到那时，我才知道，在美国，尤其是在哈佛这样的名校，学生的压力超乎了我们的想象。

在哈佛，还有另一个有意思的现象，那就是到处都能看到睡觉的人，甚至，在食堂中的长椅上，也时不时会发现有人在酣睡。然而，在入睡者身边，熙来攘往的人并不会觉得这有多么稀奇，因为他们也曾经有过累到倒头就睡的经历。在哈佛，出现最多的场景，就是学生们一手拿着面包在啃，另一只手依然忘我地翻看着身边的书本。

在哈佛，你感受最深的就是，哈佛的这些学生真的是太苦了，但他们却明显地乐在其中。是什么原因，让哈佛的这些学生如此地以苦为乐？是什么让他们克服了年轻人的浮躁，能够沉浸于学习积累中呢？答案就是他们对自己所学知识的领域产生的强烈兴趣，就是他们心中渴望在未来承担更加重要的责任的使命感。这个世界上，平凡的人占大多数，他们总是很容易满足，满足于自己已有的成绩，满足于自己已有的收入，满足于自己现在所过的生活。但是，满足改变不了人生，满足也给不了你更好的未来，回首过去，再展望未来，扪心自问：你是否掌握了足够的知识？你是否已让自己的人生到达了顶点？这些问题的答案都是否定的，因为世事变迁，你过去所认为的终点，到现在可能只是一个中点，唯有生命不息，奋斗不止，才能接近成功的彼岸。

哈佛的学子们正是这样不满足的人，他们不满足于自己已取得的成绩，不满足自己的现状，他们渴望学习、渴望成长、渴望让自己达到新的高度。正是这样一种无比渴望学习、以苦为乐的态度，才让哈佛的凌晨四点半变成了一种态度、一种精神的传承。

成功需要不止一个凌晨四点半

曾有记者采访科比："你为什么能够如此的成功呢？"科比没有直接回答问题，反而问道："你知道洛杉矶每天凌晨四点的样子么？"记者摇头答道："不知道，那你能说说洛杉矶每天凌晨四点钟究竟是什么样子吗？"科比笑了笑说："满天的星星，寂寥的灯光，而且行人很少。"

说到这里，科比停顿了下，然后继续说道："究竟是什么样子，其实我也说不太清楚。不过这并不重要，对吧？洛杉矶每天的凌晨四点，都处在黑暗之中，而我此时已经走在了黑暗的街道上。十多年来日日如此，洛杉矶凌晨四点那黑暗的街道虽然毫无改变，但我已经变了，我变成了肌肉强壮，有力量、有耐力，同时有着很高投篮命中率的 NBA球员。"

美国知名的训练师罗伯特·阿勒特，在他的一本名叫《我和科比的训练故事》的书中记录了这样一个故事：

在备战 2012 年伦敦奥运会期间，某天凌晨 3 点 30 分，阿勒特正准备上床休息，手机响起来了。

该不会是发生了什么意外吧！罗伯特紧张地接听电话，原来是科比，"罗伯特先生，不好意思打扰了，不知道你现在能否帮我做点体能训练呢？"虽然很累，但罗伯特依然答应道："当然，一会儿在训练馆里见！"

到了训练馆，罗伯特吃了一惊，科比不知已经到达了多久，只见他全身早已被汗水湿透了，仿佛刚从水中捞起来的一样。接下来，在罗伯特的指导下，科比开始了新一轮的训练。转眼间，时间已快到早上六点。罗伯特实在坚持不住，就返回了酒店休息，而科比则继续练习投篮。

按照安排，上午 11 点，罗伯特去指导全队合练。当他到达时，科比仍然在专注地练习着投篮。"你什么时候结束呢？"罗伯特动容地问道。科比反问："结束什么？""投篮训练。"将手中的篮球投出一个漂亮的弧线，稳稳送入篮筐内之后，科比说："这不就结束了。"而那一个球，是他在当天投中的第 800 个球。

不同的地点，不同的人生，一个篮球巨星和一个哈佛学子没有任何交集的可能，但他们却不约而同地选择了这样的一个时刻，在其他人还在睡梦中时，就已经开始了自己新一天的辛劳。

哈佛的凌晨四点半，就是奋斗的一个象征，无论你聪明或是愚笨，出身贫寒或是富贵，这不能决定你在成功路上的终点。唯有不息奋斗，用无数个凌晨四点半的积累，才能开拓出你前行的道路。

对于一个人来说，困难不在于某一天凌晨四点半的辛苦，而在于每一天凌晨四点半的坚持。每天的凌晨四点半，每天的辛劳与汗水，这条道路看似笨拙，可实际上，这才是通往成功那条路的不二途径。

真正的精英是付出更多努力的人

哈佛大学共出过八位美国总统，还有数十位诺贝尔奖获得者。除此之外，它还培养出了一批又一批知名的世界级学术带头人、学术创始人、思想家、文学家，例如亨利·梭罗、拉尔夫·爱默生、诺伯特·德纳、查尔斯·皮尔士、罗伯特·弗罗斯特、威廉·詹姆斯、亨利·詹姆斯、乔治·梅奥、杰罗姆·布鲁纳等。大家所熟悉的美国前国务卿、著名外交家亨利·基辛格也毕业于哈佛大学。

近代的中国，也有许多科学家和文学大家曾就读于哈佛，如竺可桢、赵元任、陈寅恪、梁思成、林语堂、杨杏佛、梁实秋、江泽涵等。

就连从哈佛辍学而出的学生中，都不乏名人，其中马克·扎克伯格和比尔·盖茨就是哈佛久负盛名的辍学学生代表。

为什么哈佛能源源不断地涌现出如此多的杰出人物？哈佛人到底优秀在哪里？

真正的精英并不是天才，而是付出了更多努力的人

哈佛从不是一个缺乏天才的地方，但真正的精英并不仅仅是天才。

作为一名哈佛的本科生，每学期至少需要选修四门课，这样一年下来就是八门课，而在四年之内必须要完成32门课并考试合格才能够毕业。普遍来看，在本科入学哈佛后，就必须要在开始的两年内，完成对核心课程的学习，在第三年，将开始对主修专业课程的学习。32门课看似不多，但在哈佛，只有最聪明的那一部分学生，才可以做到只用两三年的时间就修完这32门课，对其他的普通学生来说，一学期的时间里，仅仅是应付最少的四门课就已经忙得昏天黑地了。这是因为不论你听不听得懂，教授们都在课堂上讲得飞快，而在课下，还有一大堆的阅读材料在等你，如果不能按时读完，那你根本就不可能完成作业。

有一位来自北大的女孩说，在哈佛，她用一个星期就可以达到她在北大一年的阅读数量。不仅如此，哈佛的作业量也十分惊人，下课后，你不得不花费大量的时间去看书和预习案例，才能够完成作业。课前的准备工作也很重要，只有准备充分，你才能在课堂上正常地和他人交流，展示你的个人思考内容，才能跟得上大家的学习脚步，否则，你在课堂上会始终是个局外人。

哈佛的淘汰机制也给学生带来了很大的压力。每年，平均有大约20%的学生会休学或退学，原因是考试不及格或者无法按时修满学分。针对学生的考评并不仅仅在期末进行，平时就会记录每一堂课的发言成绩，大约会占总成绩的一半左右。在哈佛，你必须要学会均匀用力，一刻也不能放松。

压力不仅只在学生身上，一样存在于老师身上。在课堂上，老师讲的必须都是新的东西，每年都要根据前沿科学的发展来变化讲课的内容。因此，作为一名哈佛老师，必须始终保持在科学研究的前沿。

身处哈佛，就如同一匹被主人背负上沉重沙袋的骏马。但随着日复一日地坚持，骏马学会了挺直脊背，适应了重压下的前行，直至能够肆意地奔跑。当负重被解下，骏马就成了千里马。

学习时的苦是暂时的，未学到知识的苦是终生的

美国学生的学习历程，是一个渐进式的过程，幼年时十分轻松，大学才是最辛苦的阶段，美国的精英教育都会强调学生的吃苦精神。

在美国的大学中，尤其是在那些精英云集的大学中，美国学生所要付出的努力是我们难以想象的。在哈佛，每个人都有一个同样的口号，那就是征服学习。只有学习更多，你才能够变得强大，为此，哈佛安排了多而紧张的课程。这么做的目的，是为了提高每一名学生的想象力和批判思维能力，让他们学会发现事情的真相，并进行正确的鉴别，同时培养学生严谨地分析事物，理性分析和认识问题。另外，还能够练就超负荷的长时间学习的毅力。

在哈佛，教授们最常提醒学生们的就是做好自身的时间管理。在人生的道路上，当你停步不前时，有人却在拼命地奔跑。或许在你刚刚停下的时候，他还在你的身后努力追赶，但当你向前望时，可能已无法看到他的身影，他远远地把你抛在了身后。所以，你不能停步不前，必须要不断地前行，不断超越自己。

成功与安逸是不可兼得的，选择了成功，安逸就与你无缘；选择了安逸，那成功也必然离你而去。同时，学习时的苦是暂时的，可若是你错过了学习的最好年华，未学到知识的苦则是终生的。

你在为谁而读书

当你坐在教室里时，当你打开书本学习时，当你在为了读书而努力时，你能大声地说出自己在为谁而读书吗？

读书，是一个有魔力的词语，能给你的内心带来安静和踏实，会在你的心中点燃躁动的火苗。结果如何，取决于你是否清楚地知道自己为何读书。

你有没有陷入应试型迷茫

许多家长，为了不让孩子输在起跑线上，为了不错过人生最好的启蒙时期，绞尽脑汁地安排孩子们的课余时间。高强度的课业压力，数不胜数的辅导班，学校和家长联手促成了应试型教育模式的诞生。

流水线式的培养方式，造就了一批又一批合格的考生，在全球的各大考场上声名赫赫。某一段时期内，各国教育专家都不禁惊呼：中国下一代崛起将无可阻挡。

可事实确实如此么？

科大少年班，一个曾经无比响亮的名字，鼎盛时期云集了中国最为精英的一群少年。当时，一部分少年在自己十二三岁时就已经完成了小学和中学的所有课程，并通过高考考入少年班，另外一部分则是在某些学科中展现出超前的学习能力和天赋而被保送进入少年班。

起初，少年班的孩子们被学校寄予厚望，媒体也大肆报道这群年轻天才们的事迹和成长经历。可随着时间的推移，问题逐渐浮现：由于和正常学生的年龄差距过大，心理稚嫩并缺乏独立的生活经验，这些少年们大多出现了自理能力差、无法融入集体、难以适应大学生活的情况。除此之外，面对陡然提升的大学课业难度，他们不约而同地陷入了迷茫之中，仿佛一下子失去了灵性。日复一日，这批曾经的天才们在迷茫中逐渐消沉，有些甚至因为跟不上学习进度而选择了退学。最终，少年班以惨淡的结局收尾，这些曾经的天才少年再一次演绎了现代"伤仲永"的故事。

你在为谁而读书

清华大学的一次公开课上，授课老师讲述了一个故事：某中部省份的状元考生，如愿考入清华大学。入学后，随着高考的压力散去，他犹如出笼的小鸟，无忧无虑地享受着大学生活。可好景不长，随着学习的深入，他发现知识越来越难，高中时遥遥领先其他同学的情况再也没有出现过。身处在全国的精英学子之中，他反而成了最后面的几个之一。学业上的打击一下子击倒了他，面对困难，他不知该如何继续，反而由于心中的压抑，开始用游戏中虚拟的成就来麻醉自己。一年时间过去了，曾经的全省状元，面对着多门课程的红灯，最终被学校劝退。

是因为智商不够，还是真的学业太难？都不是。能成为状元，智商必然不会是短板。多数学生都可以完成的课业，也不至于困难到让他一筹莫展。真正击倒他的是他自己，没有读书的目标，一个小小的困难看上去都变得无比巨大。

　　某个小学的语文老师给学生们提出过一个问题："你为什么来到学校读书呢？"这样一个原本十分简单的问题，学生们给出的答案却让人始料不及。"我是给爷爷读书的"、"我是给父母读书的"——如此的回答占了大多数。这样的结果不仅让人惊讶，也更是让人痛心。"为父母、为家人而读书"这一现象，不禁让人反思，究竟是孩子出了问题，还是家庭教育出了问题。

　　为了孩子能够读书成才，父母付出了很多的金钱和精力。但一个人的人生成就，并不取决于他父母的意愿。如果只是被动地听从他人安排而读书，就没有强烈的激情，更难以取得长远的成功。你要认识到，你不能为了父母或家人而读书。

　　考试只是检验学习程度的一种手段，并不是学习的目的。诚然，考出高分、得到第一名是件很有成就感的事情，也正是如此，大部分学生会把读书的目标定位于考得好。可如果有一天，你不再需要考试了呢？考试只是手段，总有不再需要的那一天，读书却是终生的追求。你要明白，你不能为了考试而读书。

　　明白读书的真谛不那么容易，尤其是还在成长过程中的学生。文艺复兴时期，意大利的著名绘画大师达·芬奇曾经善意地提醒年轻人："趁着你还年轻力壮，去探索知识的海洋吧，这样你才能弥补生命的损耗。读书获取的智慧是人的精神食粮。只有年轻时多努力，老去之后才不至于空虚。"

　　少年时期，好比人生四季中的春季，那是春花烂漫的美好季节，是万物复苏、生长的季节。但是你的眼中不能只顾流连春日的美景，不妨学学农民伯伯，按季节的时令来春播秋收，用你人生的春季精心播种，播种读书的种子，播种人生的目标；用你的夏季来细心呵护，呵护你的事业，呵护你的学业；在人生的秋天，就是你收获的季节，收获的是丰富的学识、成功的事业、美满的家庭；在人生的冬季，你也就有了足够的积累可安稳地度过自己的人生。

给自己一个理由，为梦想去努力

顶级学府，是每一名学子的梦想，吸引着全世界的优秀学生前去朝拜。梦想所带来的激情过后，冷静下来，让我们抛开感性的激情，用理性的眼光来审视一下自己的"名校梦"。不妨问一下自己，你是否真的想上顶级学府。

你真的想上顶级学府吗

当看到这个问题时，你可能会马上想都不想地答道："是的，我想上顶级学府！"那不妨看一看下面的数据。

哈佛大学为世界上最为优秀的高等学府之一，竞争一直十分激烈。据哈佛官方显示，2014 年哈佛的本科新生录取率仅仅只有 5.3%，换而言之，意味着在大约 3.4 万名哈佛大学的入学申请者里，只有不到 2000 人圆了自己的"哈佛梦"。

如此低的录取率，而且是去和全世界的精英学子们竞争，此时的你，还敢像刚才那样回答吗？

面对着进入哈佛大学的挑战，你需要先问问自己，你是否真的想上哈佛，是否愿意为之付出自己的全部努力。

艾哈迈德是印度新德里的一名大三的学生，同世界各地的其他学子一样，他也怀着一个"名校梦"。学校中品学兼优的他，不满足于自己现在的生活，在他的脑海中，一直梦想着前往一个更大的舞台，能更好地展现自己的才华。哈佛无疑是他的第一选择。怀揣着自己的梦想，艾哈迈德迈上了艰辛的求学之路。

通过与前辈的交流，他了解到哈佛大学每年的录取率都低得吓人，而且申请的学生中没有一个是普通的角色，都是全球各国学生里的精英。哈佛的考试也充满了挑战，超高的难度、全面的要求，想做到任何一点，都需要你用长足的时间去准备，去提升自己，而这也不过是增加了一点点被录取的可能而已。

面对自己所获得的信息，艾哈迈德沉默了，哈佛比自己想象的还要充满挑战和风险。那该如何抉择呢？数个夜晚的失眠后，艾哈迈德明白了自己的目标，虽然困难重重，但自己渴望更大舞台、渴望更多的知识的愿望没有改变，自己真的想上哈佛。

人生的每一次重大的转折，都需要自己做出决定。求学哈佛的道路充满了困难和挑战，而个人坚定的态度会是成功的第一步，也是十分重要的一步。艾哈迈德已经做出了自己的选择，他想上哈佛，他想为了自己拥有更好的人生而上哈佛。那么，你真的想上顶级学府吗？

给自己至少一个理由

能够进入顶级学府求学并不意味你已经取得了成功，只是意味着你刚刚踏上了一条通往成功的道路。在此之前，你首先要面对的就是成功进入顶级学府，这也同样是一条困难的道路。

困难并不可怕，可怕的是没有目标。你可能会有类似的经历，当你很想去做某件事情时，会感觉到时间过得飞快，不知不觉时间就过去了；当你被迫做某事时，往往会度日如年，心里只有焦躁，恨不得自己去把时钟拨快几圈。

父母要求孩子先写完作业才可以玩耍。孩子总是觉得写作业的时间无比漫长，尤其是他听到其他孩子玩耍的声音时。半小时后，他写完了作业，赶快加入到伙伴们中玩耍。玩了一个多小时，孩子被父母召唤赶快回家，此时他心中还闷闷不乐，才玩了没一会儿，这么快就要回家？

孩子的父母也有相似的问题，爸爸喜欢看球赛，妈妈喜欢电视剧。每当球赛开始时，妈妈都需要让出电视，短短一个多小时的比赛，她却等得度日如年。到了周末，妈妈拉着爸爸去逛街，每逛一家店都能让爸爸等得焦躁不安。

对于一家人来说，时间的长度并没有变化，感觉对比却十分明显，原因便在于当从事自己喜欢的活动时，人的注意力会十分集中，也会忽视时间的流逝，而被迫参与不喜欢的活动时，注意力十分分散，就会分外感觉时间过得如此漫长。

同样的环境、同样的时间，人的感觉却不同，原因就在于你是否真的愿意去做一件事。

求学哈佛也是一样，虽然征途漫漫，但你只要怀揣着梦想，真的发自内心地想去为之努力，那么无论前路有多漫长和艰险，你都会充满喜悦。

给自己至少一个理由，在前往远方的路上，你不能让自己迷茫地走向前方，不论是为了更好的环境，为了人生能上一个新台阶，为了更广阔的天地，还是为了实现自己儿时的梦想。

给自己至少一个理由，一个发自内心的理由，让它成为前进道路上的指南针，成为拼搏海洋中的灯塔，指引你前进。

现在，为了你的哈佛梦，请逐一列出你想上哈佛的理由，哪怕只有一个，然后让它成为你的支柱，支撑你的拼搏，支撑你去实现梦想。

别在可以奋斗的时候选择安逸

幸福是什么？幸福，可以是偎依在妈妈怀抱里的温暖，可以是依靠在恋人宽阔肩膀上的甜蜜，可以是和儿女共享天伦的美好，也可以是注视父母沧桑面庞的敬意。

就像一千个人眼中有一千个哈姆雷特一样，每个人对于幸福的定义都有所不同。幸福更多的是一种主观体验，也是一种感受。你的幸福是什么呢？

别让安逸变成幸福

想象一下这样的日子：每天早晨都可以睡到自然醒，起床之后斗会儿地主，浏览一会儿新闻，吃个午饭后再去遛遛弯，一天的日子就这样舒舒服服过完了。

这种日子看起来确实挺幸福：没有纷乱的打扰，没有过多的牵挂，看起来是那么安逸。

但是，这种安逸就一定是幸福吗？当你放弃了思考，放弃了努力，安逸地享受午后的阳光时，你只是在逃避压力、逃避现实。

每个人都有不同的生活方式，也会有各种各样的压力和劳累。虽然匆忙的脚步会给人带来疲惫，但这也是一种忙碌的幸福。如果过得太过于安逸，时间长了，就会变得空虚。过于清闲的大脑由于缺乏思考，会变得浑浑噩噩，找不到触及心灵的火花，找不到激发兴奋的光点，也就找不到真正的幸福要义。

过分安逸的日子，可以被称为混日子。安逸的生活，会消磨你的斗志，让你错过本应有的奋斗。就像发呆太久会使思想僵化，躺得太久会感觉浑身软弱无力，过于安逸的日子，只会不知不觉间浪费掉你的青春年华。在人生的商场里，你支付了昂贵的时间，却没有买到想要的幸福和成就。

安逸并不是幸福，反而是一种巨大的浪费。你把自己的青春安放于温室花盆中，那只能孤独地开放。与其让青春静静地流逝，不如去为一个理想而奋斗，努力地创造价值，创造属于你的真正幸福和快乐。

幸福是风，成功是塔

幸福是发自内心的一种感受，如同拂面的清风，感觉凉爽，抑或是燥热，全在你一念之间。幸福，只能被感受，无法被量化计算。

成功只能靠自己去争取，一个人必须要心存希望，要有毅力，坚定自己的信心，并付出最大的努力，才能获取最后的成功。成功，这短短的两个字的背后，是我们看不到的心酸和汗水。

成功像是建筑一座高塔，需要打好地基，砌好每一块砖头，一层一层地积累。塔上每一块砖、每一面墙，都是你成功的一部分。

曾经有一位大学生，因为自身容貌的丑陋，无数次的求职都被拒之门外，但是他并没有泄气，因为他知道，成功并不在于一时的得失，需要长久地坚持，他相信自己总会遇到机会。于是，他去面试时总是面带微笑，不卑不亢，对答如流。终于，他的自信和专业素质打动了一位老板，他也成功地开始了自己的职业生涯，并越做越出色，成为这个老板不可或缺的助手，实现了自己的人生价值。

对于这名大学生而言，他取得了成功，虽然老天不公让他生得丑陋，但他用自己的努力战胜了这些不利因素，这就是他的成功。

幸福需要追求而不是等待，与其站在原地等待幸福的降临，不如沉下心来，为自己的成功之塔添砖加瓦。坚持下去，不要放弃，当有一天你的成功之塔足够高之后，你就会发现，原来人生到了高处，幸福的感觉会如此强烈。

搭建你的成功之塔吧

传说中，古巴比伦帝国生活在一片平原上。生活在这里的人说着同样的语言，有着同样的口音。生活得和平富足，他们要建立一座大城，同时想要建造一座高塔，让塔顶通天，好传扬他们的名字。在平原上，结实的石料很难得到，于是他们彼此商量说："那好吧，让我们来制砖，只要把砖烧透了，就不比石料差。"于是他们烧制出砖当石头用，又制作出石漆当作灰泥。

由于他们语言相通，同心协力之下，新建成的巴比伦城无比繁华美丽，城中搭建到一半的高塔直插云霄，似乎要与天公一比高低。却没想到巴比伦人的举动惊动了上帝，上帝无法容忍自己的尊严被冒犯，他决定向狂妄的人们降下灾难，以示惩罚。上帝心想：人类是这样的齐心协力，统一强大，如果真的让他们修成了通天塔，那以后就没有任何事是他们干不成的了！一定得想办法阻止他们。于是上帝悄然来到人间，他想办法变乱了人类的语言，且把人类分散于各处，由于语言的变化使得沟通不再顺畅，位置的分隔使得人们的聚集更加困难，通天塔最后半途而废了。

每个人的心中，都有属于自己的巴比伦国，每个人都有伟大的内心力量。但外界的困难总是试图影响你，让你无法发挥出自己的力量。很多时候，人往往会局限于自己的习惯，往往安逸于现状。改变是痛苦的，面对改变初期的不适应更为痛苦。就像巴比伦的通天塔，不能勇敢地直面挑战和改变，只会导致事业的半途而废。

从现在开始，搭建你自己的成功之塔吧，困难只是暂时的，也是可以克服的，只要你有坚强的意志，充足的信心与不懈的努力，你便能够把不可能变成可能，搭建出你自己的通天之塔！

你要懂得为自己的路做出选择

人的一生仿佛在走一条没有尽头的道路，在这条路上，分布着数不清的岔路口，每一个岔路口都代表着一次选择的机会。当还是孩童时，父母替你做出了各种选择，但随着年龄的增大，就需要自己做出选择。这时，你需要清楚地了解自己想要的是什么，然后勇敢地去做出选择。

看清自己，看清前路

毕业于哈佛，曾获得过诺贝尔奖的马丁·卡普拉斯教授说过一句名言："一个人所面对的最大困难，就是完整地认识自己。"然而，从古至今，一个人想要完全地看清楚自己，并对自己做出正确的判断与评价，是一件很难的事。人总是会习惯性地用宽容的目光看待自己，却用严格的态度审视他人。总会感到自己已经做得足够多，也足够好了，为什么结果却并不如想象的那么美好，而别人却能够轻易地收获，而且比自己更好更多。

这并不是因为困难太多，也不是因为你任务太重，只是因为你并没有看清楚自己。

你不需要完完全全、彻彻底底地看清自己，但你至少需要明白自己想要什么，到底想不想完成这一件事。当想明白这一切之后，你会发现，原来所谓的困难和阻碍也不是那么难以克服。

看清楚自己的想法，看清楚自己要走的道路，你就会离自己的成功更近一点。

拥有自己的理想

富兰克林·德拉诺·罗斯福，一个响亮的名字，曾在"二战"时期担任美国总统，也是唯一一位连任超过两届的美国总统。但你可能想象不到，小时候的罗斯福曾因为自己的牙齿不整齐，说话时总会发出一些莫名的声音和音调，一度被同学们所嘲笑。对于一个孩子来说，同伴们的嘲笑或许就是这个世界上最严重的打击。

小罗斯福变得越来越自卑，他甚至不敢公开发言讲话。某一天，他所在的学校邀请了名人给孩子们做演讲，看着台上谈笑风生、镇定自若的演说家，罗斯福突然找到了自己的方向，他暗自下定决心，未来也要成为这样一个出色的演说家。

自此之后，小罗斯福不再胆怯于在所有人面前说话。虽然他仍旧会被同伴们嘲笑，但他一直坚持自己的选择，并没有被嘲笑所击倒。慢慢地，嘲笑他的人越来越少，而小罗斯福的口才也随着不断地练习越来越出色。最终，曾经不敢在人前说话的罗斯福，用自己出色的演说技巧，征服了所有美国民众，登上了美国总统的位置。

罗斯福的成功离不开坚定理想的支持。正是因为他拥有想要成为一个出色演说家的理想信念，才能够在自己的人生道路上不懈地追求，最终取得了丰厚的回报。

在人生的道路上，你一定要有属于自己的理想，不论这个理想的内容是志存高远，还是把握当下，都会成为你前进的方向。当你拥有了坚定理想时，你会更容易看清楚自己的想法，更快速地发现自己要走的道路，尽可能去接近成功。

奔跑吧，少年

当你已经有了自己的理想，当你已经认认真真地思考过自己的未来，仔仔细细地打量过自己的前进道路，想明白了这一切，就意味着此时的你，已经踏上了那条正确的通往成功的道路。但等待你的，是通往成功的漫长旅途。

此时你可能会长叹一口气：原来之前付出那么多，只不过是上路前的准备。没错，如果成功只是需要清楚地知道自己想要什么，而后拥有坚定的理想，那成功也不会只是少数人的专利了。

清楚自己的需要，是必不可少的准备。就像在大海中航行的船只，失去了目标，那无论你驶向何方，都像是逆风而行。唯有做好路线的规划，才能走得更快，走得更远。

成功的道路很长，长到连确认自己的方向都要花费这么多的精力和时间；成功的道路很长，你没有时间再去感慨时间的流逝，感慨路途的漫长；成功的道路很长，长到可能会需要你用一生的时间去探索、去追寻。

成功的道路是很长，但再长的路也是用脚走出来的，记住一句话："路在脚下，脚比路长。"只要你行动起来，再长的路也都可以被征服，再坎坷的道路也都能被踏成坦途。

刚刚上路的少年，路再长，也长不过你的理想；路再难，也难不倒勇敢的心。你需要做的，就是用尽全力奔跑，挥洒青春的汗水点缀自己的成功之路，实现自己的理想。

为了你的梦想，为了你的前程，奔跑吧，少年！

拥有一个愿意为之付出的理想

有这样一句励志箴言：现在的你站在大地上，但你的目光要注视天空，这样你才可能在天空翱翔。

正是因为有了飞上天空的理想，人类才创造出让自己离开大地的工具。只有当一个人拥有了远大的理想，他才能够保持不竭的前进动力。

分清理想和白日梦

理想，是自己对未来的梦想，也是自己给未来设定的一个目标，但并不是所有的梦想都叫理想，还有另外一个名字，那就是白日梦。

一个教授喜欢在课堂上讲一些幽默的小故事来调节气氛，有这样一个小故事：某一天，两位毕业离校多年未见的老同学在街上碰到了，欣喜之余，一人问道："你现在的情况怎么样啊？"

另一人回答："过得挺不错的，刚买了个大房子，换了个最新款的跑车，最近工资也涨了，月薪马马虎虎100万吧。"

"真的啊？那你具体是做什么工作的啊？"

"我做白日梦。"

故事讲完，课堂上的学生们捧腹大笑之余，也理解了故事背后的深意。白日梦不是梦想，它只是你自己所想象出来的虚幻，对你的人生没有任何价值。相反，经常做白日梦的人会失去自己真正的理想，丧失斗志。

人的一生是有限的，所以我们不能把精力浪费在那些虚幻的、飘忽不定的梦想上，不能为了白日梦错过奋斗的年华。真正的梦想，应该是你行动的动力和激励，而不是思想的麻醉剂。

青少年需要追求梦想，实现人生的成功。那么你的第一步，就是要放弃自己不切实际的幻想，正确地区分理想和白日梦。精英们已经用自己的行动告诉了我们，若想实现你的理想，就要一步一个脚印，用行动去成就自己。

挖掘最合适的那口井

每个人都会有这样的经历：我曾经拥有过很多的梦想，但是总是不能坚持下去，最终梦想都半途而废了。对于这种现象，顶级学府的教授们经常提醒自己的学生：与其不停地花费精力，去凿出一口又一口的浅井，不如用同样多的时间和精力，去凿出一口深井。

浅井和深井，都指的是一个人的梦想。梦想不能太过于肤浅和混乱，同时追求多个梦想，势必分散你的精力。只有始终坚持着同一个梦想，并不断地付出努力去追寻，才能够取得最后的成功。

这个世界上有很多失败者，他们的梦想总是在变化，每当看到其他人的梦想时，他们就会犹豫动摇，并改变自己的梦想。不断地改变，不断地追寻不同的梦想，这样的人往往会一事无成。

人与人不同，别人凿的井再好再深，并不意味着你也能够选择相同的道路。今天做这个，明天做那个，你始终是在凿着一口一口的浅井，最终每一口都无法凿出水来，而你的生命，就这样消逝在一口口的浅井中。

作为一名青少年，你要拥有自己明确的目标，衡量好自己的才干与兴趣，不能为了某个时髦或流行的事情而随波逐流。青少年的心智不够成熟，让自己做到有魄力、有定力，确实不太容易。但是那些成功人士，却都在小时候就拥有了魄力与定力，他们不会轻易被外物所诱惑，而这种定力也是促成一个人成功的关键。

模仿别人确实可以获得一时的刺激，但却会让你失去成功的机会。找到最适合你的那口井，并为之付出你的辛勤和时间，你终会有凿井及泉的那一天。

勇敢地超越自己

什么人可以成功？是那些拥有自己理想并为之努力的人。什么人更容易成功？是那些拥有更为远大的理想，并为之不断努力并不断超越自己的人。

经常会有这样一种情况：考试之前如果你下定决心，一定要考 100 分时，你往往能够认真地复习准备，最终即使考不到 100 分，也不会太差；如果你不想那么辛苦，80 分就足够，那么最终的结果，你很可能只有 70 分；如果你是及格万岁协会成员，那么很不幸，最终能否及格，真的要看上天是否眷顾你了。

人需要给自己定出一个更高的目标，才能够在为之努力的过程中，实现稍低一些的目标。如果在一开始就给自己定下一个很容易实现的目标，那么你在轻松行进的过程中，也放弃了激发出自己更大潜力的机会。

老鹰为何能够翱翔于天际，因为它们总是在不停地试图飞得更高。虽然这个过程十分艰辛，也并不一定能够成功，但只有拿出挑战自己极限的勇气和斗志，才能够在成功的道路上走得更远。

人的潜力是无穷的，你所表现出的实力，只不过是潜力的冰山一角。青少年们总是担心过高的目标难以实现，其实不然。如果每次都给自己制定一个简单的目标，看似能够不断地完成，实际上你只是一次又一次地错过让自己飞得更高的机会。

青少年的未来没有极限，浅薄的理想只会束缚住你飞翔的翅膀。你需要给自己制定一个远大的目标。相信自己，天空不是你的极限，唯有不断地自我超越，才是通向成功的真正捷径。

你的未来取决于你的现在

不经意间，你可能会忍不住想象：未来的我会是什么样子？长高了多少？变漂亮了几分？是不是变得更加聪明更加能干？是不是实现了成功的梦想？

想象只能停留在脑海，但未来掌握在你自己的手中。

要有远见和目标

一个人的目标越高远，他的成就就会越大。

一个有远见和目标的人，往往能够在人生目标的鞭策下，不断地激发自己的力量，获得无穷的斗志。有远见与目标的人，更能够清晰地把握自己的人生轨迹。他们用远见制订合理的计划，用目标指引着自己前行。当你疲劳懈怠时，一个美好的目标就像沙漠里的绿洲，让你看到希望，给你前进的力量；当你遇到挫折备受打击时，它又像冬日里的暖阳，驱散你周身的寒冷，带给你温暖的希望。

多年前，哈佛曾经针对 1000 名学生做了长期的跟踪调查。在学生毕业时，对他们每一个人提出了相同的问题："你认为十年后的你，在什么样的地方工作？"大多数学生的回答是要到一个大公司，希望自己十年后能够得到财富和荣誉。只有几十名同学，决心用十年的时间去征服世界，去证明自己，并为此列出了详细的目标以及设定这些目标的理由。

十年过去了，再次见到这些学生时，调查人员发现，那些十年前扬言征服世界的学生们，几乎都成了自己所在行业的精英，甚至是领袖。他们所取得的财富与地位，是另外那九百多名同学总和的数十倍。

通过调查发现，确立远大的目标，并为之制订合理的计划是成功必不可少的两个条件。如果说目标是人生旅途上的灯塔，那计划就是行进的路线与方案。没有目标，你就没有了方向，只会四处乱闯；没有计划，那目标再美好，也只是镜中月，水中花，没有任何实际的意义。

有远见与目标，这样你才有可能知道，自己五年后可能会成为什么样的人。

改变，从现在开始

生活中，很多人都在感慨时光的流逝，让自己错过了很多机会，当自己真正想去做一件事情时，却早失去了最好的时机。

一次次在犹豫中放弃，一次次用下次不能再错过来麻痹自己，最终你收获的，只能是一次次的错过、一次次的遗憾。

人生中会有很多的梦想和憧憬，但是有多少人能够将一切梦想都抓住，并将它变为现实呢？著名文学家爱默生曾说："当一个人一心向着自己的梦想前进时，整个世界都会给这个行动起来的人让路。"所以，当你有了梦想，找到了目标，就要立即行动起来，光说不练假把式，纸上谈兵终成空，不去行动的人，梦想始终只是个梦。

当你想去做一件事时，任何时候开始都不会晚，但越早开始的人，就越能做得更多、走得更远。两粒同样饱满的种子，只因播种的先后不同，一颗先发芽了两周时间。刚开始时，两粒种子长出的嫩芽看上去差不多大小，先发芽的也不过是多长了一片叶子而已。随着嫩芽越长越大，因为一片叶子的差距，先发芽的那一株越长越快，等到秋天收获之时，先发芽的硕果累累，另一株虽然也结了果实，但远远比不上前一株。

起步的早晚，在初期并不明显，但随着时间的推移，差距会越来越大，最终你会发现，决定自己是否能走得比他人更远的，只不过是有没有更早一步上路。

当你拥有了明确的目标，就千万不要再拖延，用你最快的速度踏上前进的道路。让改变从现在就开始，你终究会发现，五年前自己早早迈出的一小步，五年后会是他人难以逾越的一大步。

五年，你能做的很多

人的一生中，有很多个五年，五年的时间说起来并不长，可能你会认为，这么短的时间不足以让自己发生翻天覆地的改变。但你要知道，五年的时间，你可以做很多事情。

当比尔·盖茨还在哈佛求学时，他只是一个普通的哈佛学生，唯一与其他学生不同的是，他的脑子里都是自己编写的操作系统代码。五年时间过去了，比尔·盖茨已经掀起了一场计算机风暴，他所编写的操作系统迅速风靡全球，而他也从一个一文不名的学生，变成了手握巨大财富的成功人士。

当马克·扎克伯格在哈佛求学时，和他的前辈比尔·盖茨一样，他也只是一个在电脑前编写程序的普通学生。五年时间里，他也走上了同样的道路，自己开发一个网站。短短五年里，他的网站大获成功，在世界上引领了另一场潮流。此时的扎克伯格，成了亿万富翁，也是全世界最富有的年轻人。

他们二人的成功告诉我们，五年的时间虽然不长，但也足够让你产生巨变。

用五年的时间，阅读身边的每一本书，你会发现，你用五年拥有了更多智慧。

用五年的时间，坚持不断地锻炼身体，你会发现，你用五年获得了更多健康。

用五年的时间，改变自己性格的缺点，你会发现，你用五年提升了人格魅力。

五年的时间里，你可以做的还有很多，只要你把握住这五年中的每一分、每一秒，去努力奋斗，去勇敢拼搏，五年后的你，必然会让现在的你感到震惊。人的一生还有更多的五年，把握住人生中的每一个五年，向着自己的理想，沿着自己认真设定好的方向，大踏步地前进吧，告诉自己，五年后，你将会成为一个以自己为豪的人。

第二章
方 向

成长为百年名校所青睐的人才

哈佛究竟难申请在哪里

近年来，国内的留学潮持续升温，尤其是申请赴美留学更是有增无减，而在美国的著名院校中，哈佛大学是被最多的中国学子所青睐的院校，但它同时也是美国最难考上的院校榜单中的第一名。

为什么哈佛大学会如此地难以考入？带着这个疑问，让我们一起来研究一下，哈佛究竟难申请在哪里。

全世界精英都是对手

在向哈佛进军的道路上，并不是只有中国的学生。在全世界不同肤色、不同人种的所有学子心中，哈佛大学都是自己为之奋斗的一个目标、一个方向。

为了更直观地让你看清楚自己潜在的竞争对手的数量，不妨做一个简单的计算。

截止到 2014 年，全世界约有超过 60 亿以上的总人口数量，我们就以 60 亿为准。这其中，以平均寿命 80 岁，按照年龄的层级划分，每年适龄的可以参加哈佛入学考试的人口约占总人口的 1/15，也就是四亿人。

在这四亿人中，假如有万分之一的人会选择报考哈佛，那么你就会面临着四万个对手，而这四万人，都是世界各国的精英学子。

看到这里，你可能会认为这只不过是危言耸听。那我们再来看看一组真实的数据：2014 年，参与哈佛大学 2014~2015 学年本科的申请者人数，达到了创纪录的两万多人。在这两万多人中，能够有勇气有梦想去申请哈佛大学的人，毫无疑问都是自己曾经所在学校的精英。可能在你过去的学习生活中，你从未有过被人超越的经历，那么你敢肯定世界上就没有任何一个人可以超越你吗? 或许正是因为在你的身前多了仅仅一个人, 就导致了你被哈佛拒之门外。如果你并没有做过任何一次的 No.1, 那么你将会面临更大的考验, 因为有数不清的曾经的 No.1 在和你一起冲向哈佛的大门。

哈佛的吸引力, 让全世界最精英的那部分学生都趋之若鹜, 也正因为如此, 你面对的也是来自全世界的挑战, 这就是哈佛难以申请的原因之一。

供不应求的名额

申请哈佛的路上, 你不光是面对着接近三万人的竞争对手, 还要面对来自哈佛招生指标的挑战。

在美国, 数量庞大的普通学校, 每年拥有的招生名额较为充足, 但排名前列的名校招生名额始终是处于紧缺状态。像以哈佛大学为首的这些常春藤名校, 每年只向外国的留学生发放大约两百多个名额, 这些名额中, 来自中国的学生最多只能够分得 10~20 个。

哈佛的地位建立在它排名世界前列的教学和科研实力上, 在哈佛校园内, 崇尚的也是一种精英教育的氛围。有限的师资力量, 决定了哈佛大学不可能出现大量的录取新生的行为, 这也不符合它的精英教育的主旨。因此可以断言, 在未来的数年甚至十数年中, 哈佛的招生名额都不可能有较大的增长。

随着哈佛在国内被学生和家长日益知晓和认可, 申请哈佛的中国学子数量将会保持在一个十分高速的增长过程中。中国学生们在申请哈佛时, 将会面临着越来越低的录取比例, 这是哈佛难申请的第二个原因。

关键性的面试

哈佛的入学考试有 7.5 个分值指标, 其中, 文化知识考试只占 1 分, 其他还有诸如研究能力、艺术技能等多个指标。一个学生如果某项才能十分突出, 哈佛就会派专家组通过详细的面试去评定其才能, 如果评定后认为某项才能确实十分突出，即可进入哈佛深造。在哈佛的面试官口中有句名言：哈佛大学不只问你过去学多少，更重视你的潜力，看你未来能学多少。

曾经担任过十年哈佛大学校长的陆登庭教授认为，一流的学生不能仅凭分数来评估。对于学生来说，书面的考试是很重要的，但不能代表所有方面，还有很多的内容需要考察。哈佛会在一些特定领域，对学生有一套完整的面试与评估体系。

如果你能考出不可思议的成绩，先别得意，还有更为关键的面试在等着你，哈佛看重的不只是现在，还有未来。你必须表现出自己足够的潜力和特质，才能在面试上打动考官。

如果你的成绩并没有那么出类拔萃，也不要绝望，哈佛也给你保留了一扇窗户，只要你能够通过面试展现出自己的潜力和其他特长，说不定你也可以成为被破格录取的那一个人。

考试的能力，从来不是哈佛最为看重的东西，你还要通过面试的考验，才能最终敲开哈佛的大门。

"学习机器"为什么被拒名校之外

对于所有想去美国留学的同学来说，哈佛大学绝对是心中梦想的天堂。当你了解了足够多的信息后，可能会有这样的疑问：平时成绩非常优秀的一位考生，竟然被哈佛给拒之门外，这到底是为什么呢？

哈佛怎么挑学生

台湾的著名作家刘墉曾好奇地问过自己从哈佛大学博士毕业的儿子刘轩："哈佛是怎么挑学生的？"面对着父亲的疑惑，刘轩只是笑了笑说：

"说真的，我自己到现在也不太清楚。"

作为哈佛毕业学生的一员，刘轩只记得当年在申请哈佛时，哈佛的面试官们格外看重自己在高中时代，为一次环保活动所拍摄的纪录短片，还有自己曾经为学校的一次歌剧所作的曲，还有他曾经发表在杂志上的文章。刘轩当时的成绩并不是特别突出，他并没有像一些尖子同学一样，提前在高中选修了大学的课程，也并不是学校考试的前几名，但就是因为他参与过的这些活动，他最终被哈佛大学录取了。

其实，正如刘轩所说的，哈佛大学的录取并没有一个一成不变的所谓标准。在哈佛大学，包括在整个美国的所有大学的招生体系中，都不存在一个统一的标准，也不会像国内一样，有"高考状元"这个概念。美国的大学在招生中，第一项指标确实是考核了学生的学业基础，而且学生的考试分数的确在这个指标中占据了重要的位置。但与中国高考所不同的是，美国的大学录取并不存在"一次考试定终生"的情况，考生的分数只不过是大学考虑是否录取你的基础，并不是唯一的或是全部的决定因素。可以这么说，对以哈佛大学为首的美国大学而言，智商只不过占了录取决定的1/7。

被拒之门外的"学习机器"

让我们来看一看一位申请哈佛大学的华裔考生的成绩单：

语言能力：英语，西班牙语，汉语。

奖项：美国物理奥赛全国的第二名。

成绩：高中所有的学科全部都是 A，包括所有的选修课也都是满分。

面对着这样一个成绩单，我们的第一反应就是，这真是一个"学霸"。在很多人的眼中，这样的人一定会被哈佛所录取，哈佛需要的正是像他这样的学习精英。但是结果呢？在经过了长时间的讨论和研究后，哈佛大学的考官们一致决定，放弃这名考生。

哈佛大学的一位退休校长，曾应邀参加一次采访。采访中，在谈到哈佛大学究竟喜欢录取什么样的考生时，这位前校长说道："杰出的大学生来自于优秀的高中生，而我们哈佛大学是一个极力培养、鼓励高中生具备创新思维与创造能力的学校。"

他在采访中针对一些"学霸"级的考生为什么没有被录取做了解释："成绩的确是十分的重要，但相比于完美的成绩，哈佛大学更希望得到一名全面发展的学生。虽然这些考生在成绩方面十分抢眼，但是除了这些成绩单之外，我们几乎看不到其他的亮点。哈佛需要的学生，除了拥有学习的天赋之外，还要有自己健全的人格，要具有自己的影响力。哈佛固然想要招收成绩最为出色的孩子，但是也绝不会选择一个单纯的学习机器。"

这位校长在采访中的一席话，清楚地道明了哈佛大学对于学生的要求和期望。并不是成绩出色，就一定能够敲开哈佛的大门，你还需要在成绩单之外，拥有一些自己独特的闪光点，这样才能真正地打动哈佛；学习机器式的考生，即使你的成绩非常耀眼，在哈佛的评判标准中，你依旧是不合格的考生。

全面地培养自己

对于什么样的学生才能被称为一流的高中生，美国社会的认知与中国完全不同。美国的一流高中生并不仅仅局限在课堂成绩之上，而是需要具备多方面的素质。想要成为像哈佛这样顶级学府的学生，只有一份优秀的成绩单是远远不够的，还要看看你是否具有开创出新天地的创造能力；只有书本上的知识是不够的，还要看你是否拥有不断探索未知领域的求知欲；把所有的精力只放在自身的专业领域也是不够的，还要看你自己是否有广泛地关注其他方面的兴趣。

看到哈佛的这一系列评判标准，你是否有了新的领悟？在传统的教育理念之下，学生的思路大多都被局限在了努力学习书本的知识，考出好分数这个框里面，而世界顶级大学恰恰不是只看重这些。

从现在开始，全面地提升自己吧。那些让你认为是耽误学习时间、影响自己成绩的课外爱好，不妨重新拾起来。如果你爱好运动，那就试着在学习之余，逐步提高自己的运动技巧，让运动在你的身上演绎出独有的韵味；如果你爱好摄影，那就请不要放过任何一次记录瞬间的机会，让每一个瞬间在你的手上仿佛都具有了自己的生命；如果你喜欢音乐，那就请继续你的创作或者歌唱，并争取某一天，你的作品能够回响在更多人的耳旁。

请记住，一名优秀的学生，不应仅仅只会学习，他还应该拥有很多爱好，拥有很多自己独特的优点。

怎样才称得上"出色"

能被录取的是最为出色的那些学生。然而，顶级学府也并不拘泥于大众眼中通俗的那种"出色"，即使在别人的眼里，你没有那么出色，但只要你哪怕有一样是最为出色的地方，那么顶级学府的大门也有可能为你敞开。

出色并不难

什么是出色？出色指的是一个人能够取得某种很优秀的成绩，或是能够做成一些很有意义的事情，能够带给身边的人正能量，能够靠自己带动起一批人一起前进。纵观社会上的各种精英人士，无一不是具备种种出色的才能和特质，而这些才能也正是他们能够成功的根本所在。

把出色认为是取得被所有人瞩目的成绩，这种想法太过于片面。并不是只有获得丰功伟绩才是出色，也不是只有超过其他人才叫出色。出色的概念可以是方方面面，对于普通人而言，想要出色其实并不难。

不论你拥有什么样的背景、处在哪一个位置，你都会拥有自己的爱好或者特长，哪怕只是很小的特长也没关系。你不妨稍微多用些心，多在爱好与特长上下一些功夫，让自己爱好的变成特长的，让自己特长的变成精通的。如果你有足够的恒心和毅力，在花费了足够的时间后，你也可以变成某一方面的专家，成为一名有着自己出色之处的人。

出色并没有你想象的那么难，只要你能够坚持下去，不断地在某方面探索，你一定能够在某方面最出色。

哪怕只有唯一的出色

每个人都要有一样最出色的地方，哪怕你的出色只不过存在于极其微小的一个方面，仍然有可能在某个瞬间改变你的命运。

在德国曾经发生过这么一个故事。一个铁路工人走下站台，要为即将通过的火车扳动轨道。

刚走到站台下，他突然发现等待他扳动的那条铁路上，相对着开来了两辆火车，他必须马上扳动开关，将其中一辆火车引导到另外一条铁路上。不幸的是，此时他年幼的儿子，正在另外那条铁路上玩耍，丝毫没有意识到即将发生什么。

留给这名铁路工人的时间已然不多，到底是救孩子，还是拯救两列火车，必须要马上做出决定。他大步跑向分道器，同时高喊："儿子，快趴在地上！"话音刚落，他的手就已经有力地扳动了分道器，两列火车呼啸而过，避开了一个迎面相撞的事故。火车上的乘客们一点都未察觉，自己刚刚和死神擦肩而过，而在工人话音响起后，他的儿子飞快地趴在了地上，火车从他头上轰隆而过，但他却奇迹般地活了下来。

原来，这名铁路工人的儿子从小智力就有问题，并不能像其他的孩子那样正常地成长。平日里，儿子最喜欢和父亲玩的游戏就是趴下起立的游戏，父亲一旦说趴下，孩子就会立刻趴下。时间长了，孩子对趴下这个动作就十分擅长，远比其他人迅捷。也正是这一点小小的出色，最终救了这个孩子的生命。

相比于故事里的孩子，你无疑是幸运的，上天给了你健全的身体，你就更加有理由去努力，努力去拥有自己的出色之处，哪怕只有一个地方，即使是再小的出色，也总能在生命的某个时刻，带给你另一种命运的选择。

平凡中也要出彩

这个世界上，平凡的人总是大多数，他们构成了社会的一个个细小的部件，维系着整个国家的运转。但平凡并不意味着平庸，即使你从事最微不足道的工作，你也要让自己拥有个人的精彩。

顶级学府招收的学生中，大多数都有着精彩的人生经历，但也有那么一小部分学生，看上去显得十分的平凡无奇。平凡只不过是相对的，每个人也都有不如他人的地方，你要找到自己身上的闪光点，并让它变成自己人生的精彩。

有这么一位高中生，他的成绩十分糟糕，身体也并不强壮，仿佛所有的学习和运动天赋都和他无缘。因为自己太过平凡，他的性格也变得越来越内向，唯一一直陪伴他的，只有上下学骑的自行车。

一次放学路上，班上一位成绩很好的同学自行车坏了，正巧他几天前为了修自己的自行车，随身带着工具，三下五除二地就帮助对方修好了自行车。因为这个小插曲，他的同学们一路上都在夸他很能干、动手能力强。从这之后，他突然发现了自己的目标，不断地投入自己的课余时间，沉浸在对自行车的研究上，同学们的自行车有了故障时他也会热心地帮助修理，自己的人缘也越来越好，毕业后所有的同学们都仍然十分想念他。

大学毕业后，他依然继续着自己对自行车的研究，最终，他自己创业开办了一家自行车制造公司，并且越做越大，后来成了当地首屈一指的成功商人。

虽然他很平凡，但仍然活出了自己的精彩。看似平凡的人，只要能找到自己的闪光点，并且持之以恒地把它发扬光大，最终一定能够让自己的人生出彩。

百年名校欣赏每个人的独有天赋

当你走在顶级学府的校园中时，你身边看似普通的一位位学子，其实都拥有着自己独特的天赋，这份天赋可能是关于某一学科，可能是关于某种运动，可能是关于某类艺术，也可能是关于一些公众的活动。天赋虽各不相同，但都有着独特的韵味在其中，而这也是顶级大学选择自己的学生时最为看重的一点，用一句话来概括就是：顶级学府更喜欢有特殊天赋的人。

发现你独有的天赋

什么是"天赋"？天赋指的是上天赋予我们的才能，这种才能与生俱来，而且是与众不同的。

无论智商高低，每个人都有自己独有的天赋。能够找到自己的天赋，并且发挥出自己的天赋潜力，这是许多成功人士的成功秘诀。其实，每个人的身上都有独特的美存在，我们必须要努力地发掘出隐藏在自己身上的闪光点——"发掘"是因为它们本来就一直停留在那儿，只不过隐藏起来不易被发现罢了。

人的一生中，每个人都会出现实现人生价值的切入点，这需要你发现自己的天赋，并且展现出自己的天赋，通过天赋来发展自己，不断地超越心灵的羁绊，这样就不会因为忽略了自己生命中的太阳，而被淹没在别人的光辉里。

历史上，曾经出现过一个"差生"逆袭拿到了诺贝尔奖的励志故事。这个人从小到大都是毫无疑问的"差生"。中学时代，他的生物老师给他写下过这样的评语："我知道你很喜欢生物，但是如果你想要在这条路上走下去，那是毫无希望的。"他把这句话裱在了镜框里，挂在卧室的墙上。换作他人，或许早已失去了信心，但他没有，他依然相信自己内心的感触，他是如此热衷于大自然，热衷于不同的生命所经过的历程。

幸好，他的母亲依然毫无保留地支持着他。这位母亲也始终坚信儿子在生物领域极具天赋，因为在暑假带儿子去公园玩时，他竟然能够蹲在地上数了 2000 条毛毛虫。最终，曾经不被人看好的他，凭借着对自己的天赋的认同与发展，在 2012 年时成功地获得了诺贝尔生物学奖，他就是英国人葛根。

葛根的故事并不是特例，在我们的身边，也有和他相似的人，也有着自己独特的爱好，却不被人看好。不幸的是，大多数人都因为他人的不看好而轻易地改变了自己，没有抓住自己的天赋，结果也浪费了自己已有的天赋，泯然于众人。

不妨静下来问一问自己，你内心深处真正想要做的是什么？很大可能，天赋存在于你的内心最深处，只是被你深深地掩埋了，试着去发现它，聆听它，让它告诉你自己心灵的选择。可能内心深处的这份悸动会显得那么不可思议，但成功本来就是一件不可思议的事情，很可能你内心的真实愿望，才是你发现并展现出自己的独特天赋的关键之匙。

哈佛最看重的是天赋

哈佛中国区的招生官在某次活动中谈道："我们要找的是'有趣'的人。"这位招生官说，哈佛的确会偏爱某些学生类型，比如哈佛希望招收的学生需要为人友善，拥有良好的人际关系，兴趣广泛等，这些都可以看作是学生特殊天赋的一种外在表现。

人们经常会误认为，进入哈佛的学生就必须要有一长串的获奖清单。但事实上，哈佛更为看重的是学生的个人天赋。哈佛大学校友王颐表示："一个人的天赋其实可以通过很小的事情来察看，不一定要是大团体的活动，更不需要在各个方面都去打勾。"

首先，哈佛会想要了解的是你究竟是一个什么样的人，通过你过去曾经做过的事情、采用的方法、拥有的动机以及自己的感受，就可以看出你的特质。哈佛的确更加偏爱那些有着优秀天赋的孩子，但是，这个天赋指的并不仅仅只是考试成绩上的天赋。学生中有全才也有偏才、专才。但是对于学生中的全才和偏才，哈佛招生官们心中自有一杆公平的秤，这杆秤并不会偏向任何一方。现任的哈佛校长德鲁·吉尔平·福斯特也谈道："哈佛校园中确实有很多全能型的学生，但是这并不意味着偏才、专才就没有了进入哈佛学习的机会。"

中国学生朱梦欧正就读于哈佛大学的二年级，她也说起过哈佛学生各自拥有的天赋。在她身边的同学们都有着自己独特的"成才之路"，有的同学特别精通于电脑编程，有的人热衷于练习击剑，有的人在十几岁就开始创作音乐剧，也有的人一直致力于女权主义运动，还有一些人性格虽然内向但是拥有极高的数学天赋。哈佛的每一个人都有着特殊的天赋，而这个天赋也是哈佛鼓励和引导学生发展的方向和道路。

试着发现自己的天赋吧，并且遵从天赋的指引，发展出属于你的特色能力，这不仅会帮助你更好地打动哈佛，也能够帮助你更好地成就自己的人生。

学会用独特的视角看待问题

每个人都习惯于用自己特有的视角去看待问题，但没有个性的视角，只能让你始终待在平凡人的行列中。让自己变得出色的第一步，就是要学会用独特的视角去看待问题。

独特视角才能发现美

面对着自己天天所处的环境，你是否早已无法发现美了？那是因为你的视角已被局限住，只能停留在自己所划定的那个范围中，当你用另一种独特的视角去观察时，就能发现平时没有注意到的美。

如果你认真地研究一下诺贝尔文学奖的历届得奖者，就会发现他们身上都有着一个共同的特点，那就是擅长用一个独特的视角，去观察和分析一段特殊的历史，或者描述一些有内涵的故事。

与此相类似的，那些在每年新闻界的普利策摄影奖中夺魁的作品，无一不是通过一种其他人所意想不到的独特视角拍摄的。

缘何独特的视角总会值得大褒特奖

在我们从小所接受的教育中，老师和家长最喜欢表扬的孩子，往往都是那些能够按照既定的思维去思考和学习的小朋友。在我们所接受的教育引导下，总是习惯于一分为二地看待问题，在我们的世界中，事物都是二维的，不是对的就是错的，不是好的那就是坏的。这种非黑即白的思维定式，恰恰禁锢了一个人思考的多维性。

但是世界的美，正是在于它的多姿多彩，每一个事物的发展都会有种种不同的可能，通过不同的角度，就会发现不一样的景观。能否发现这种多样的美取决于每个人的视角，拥有独特的视角，你就可以发现更多的美。

有一种种植西瓜的方式，从幼瓜长出来开始，就在外面套上了一个正方形的罩子。西瓜长大后，在罩子的作用下，就变成了正方形的西瓜。如果一个人也在自己的思想外面套上这么一个罩子，那么人人都变成方形"脑袋"的世界，那会是多么可怕的事情。所以，千万不要禁锢自己的思想，学会用独特的视角去发现美。

创新让你成功

人们在工作、学习和日常的生活中，面对着那些轻车熟路的问题，通常会下意识地重复使用既定的思考方式和做法，或者是跟随着前面的人，亦步亦趋。

这种惯性导致了人们总是不愿意换一个方向、换一个角度去思考问题。也有人觉得这种跟随者的状态也很好，既省力也省心。但他们的悲哀也在于此。当你永远跟在别人后面时，那么不论你有多努力、多做了多少工作，都不可能吸引到更多的关注，人们所在意的，永远是那个走在第一位的人。更可怕的是，如果打头的人走的是一条错误的道路，那你不但无法取得关注，还要因为错误的选择而一事无成。

善于创新的人拥有一种独特的人格魅力，他们善于发现事物的不同之处，善于站在其他人想不到的角度去解决问题。这样的人才能成为一个行业的开创者、领导者，才能成功。

其实，创新和跟随仅仅只在一念之差，只要你敢于用独特的视角去挑战权威，用创新的思维去开拓道路，那你就有可能迈过前人，成就伟业；不敢去否定那些约定俗成的惯例，不敢去怀疑权威的看法，你就会变得和那些追随者一样，只能一辈子跟随在别人身后，碌碌无为。

面试：如何把自己成功"卖"出去

哈佛的 MBA 商学院是全球最为顶尖的，在这里，哈佛的教授向所有即将毕业的学生们出了最后一道习题：你要如何把自己成功"卖"出去。

在这堂有趣的课上，学生们都觉得很新奇，纷纷把自己学过的营销理论知识加以融会贯通，尝试着把自己"卖"出一个好价钱。哈佛的教授自然不会只是为了营造课堂的氛围，把自己"卖"出去包含着更多的深意。

面试也需要小技巧

哈佛的学生们，在踏入校园之前，都是经过了严格的面试才突出重围的。而当一名学生毕业后，他在开始自己的工作之前，所面临的第一个考验依然是面试，只有通过了目标公司的层层面试，才能够得到自己心仪的岗位。面试，就是你把自己"卖"出去的第一步。

并不是所有毕业生都能够像哈佛的学子一样，在入学时就会经历一次严格的面试考验。大多数人都缺乏面试的经验。面试是一种组织者精心设计的考试活动，通过设定好的特定场景，面试官会用面对面的交谈和观察，去由表及里地测评被面试者的知识、能力、经验等相关的个人素质。

当你参加一个面试时，千万不能认为自己只要正常表现就可以。面试也是需要技巧的，如何在不长的时间里，给面试官一个更好的印象，是你能否成功的关键。

首先，需要事先做好功课。兵法中说，只有充分地了解对手，才能制定出有针对性的战术来克敌制胜。不妨自己试着想象一下对方会提什么问题、会有什么要求与期望，再针对性地做准备，就不至于因盲目而乱了方寸。

其次，面试时千万不要迟到，最好能够提前到达，这样会让自己显得更加从容。进入房间时，最好先敲门再进入，显得更有礼貌。面试过程中，坐姿一定要端正，眼神也要自然，这样显得更加正直和自信。回答问题不可拖泥带水，也不可断然打断面试官的问话。

这只是些最基本的小技巧，但是善用它们，依然可以带给你很多的帮助。面试并不难，只要你做好准备，保持自信和礼貌，相信你一定可以得到一个满意的面试结果。

学会推销自己

想把自己"卖"一个好价钱，那就要先学会推销自己。

作为新一代的青年，学会创造自我和表现自我，是十分重要的。著名的励志心理学大师卡耐基曾说过："生活就像是一连串的推销，我们推销商品，推销一项计划，我们也要推销自己。推销自己是一种才华，一种艺术。当你学会了推销自己后，你就几乎可以推销任何有价值的东西。"可见，推销自己是一个人必不可少的一门学问。

如何推销自己的呢？首先，你要找到合适的顾客，这也是最根本的。如果你拥有很强的理工科功底，却要让自己往杂志社应聘，就属于没有找对顾客。只有选择适合你展现自己能力的舞台和方向，你的推销才能有一个良好的开端。

其次，在推销自己的过程中，你要具备一些良好的素质。比如，你要准确如实地介绍自己，恰当地表现自我，正确客观地评价自我，把自己的特长、各方面的能力和知识水平如实和恰到好处地发挥出来。要保持充足的自信心和良好的心理状态，如果连你自己都不认可自身的价值，又如何能够说动他人去"买"自己呢？你还要提高自身的社会活动能力，社会活动能力和协调人际关系的能力非常重要。事实上，一个人自我推销的过程，就是和他人相互理解、相互协作的过程，也是彼此之间情感交流和接纳的一个过程。

推销自己是一种才能，也是一种艺术。这种才能是一个人更好地安身立命的基础，也是让自己更好地抓住机遇的一种本事。如果你不向自己提出挑战，不敢把自身形象公之于众，你就会把自己包在安于现状的套子里，最终一事无成。只有善于推销自己的人，才能更好地实现自己的价值。

发挥优势，管理劣势

在你学着推销自己的过程中，要发挥出自己的优势，同时管理好自己的劣势。一个人能够看清楚并发挥出自己的优势，那你的优势就能够转化为成功的动力；一个人能看到自己的劣势在哪里，并合理地管理好它们，那就能减少这些劣势对自己的负面影响。只有你真正地了解自己的核心价值，并且善于利用优势、管理劣势，最终才能在众多的"商品"中突出重围，把自己"卖"出个好价钱。

完美的人是不存在的，面对自己的劣势时，掩盖与逃避往往会适得其反。正确的态度应该是坦然面对，不要刻意地遮掩，并根据自身情况，把劣势转化为优势。

每个人的成长空间取决于对自己优势的发挥程度。你应该做的是多花费时间来把自身的优势发挥到极致，而不是把更多的时间浪费在弥补自身的劣势上。个人的优点和天赋是与生俱来的，想要更快地走上成功的捷径，最好的办法就是找到自己的优势所在，把自己最出色的地方发挥出来。当你的优势能够得到突飞猛进的发展时，你就将会无往不胜。

猎豹把自己的迅捷发挥到了极致，就可以用自己并不强壮的身体，捕捉到比自己更大的猎物。大象把自己的力量发挥到了极致，就可以克服自己动作笨拙的不足，战胜那些更为敏捷的对手。动物尚且知道这个道理，自然应该我们需要做得更好。

每个人都有自己的独有优势，只是我们平时不善于发现，或者没有正视罢了。只有那些善于发现自己身上的优势，并把它发挥到极致的人，才能够取得成功。

百年名校对后来者的忠告

为什么哈佛人总是能够成为各自领域的杰出人才？不仅是因为哈佛人拥有超出所有人的能力和智商，更主要的是由于在每一名哈佛人身上，都有着一些共同的优秀品质，这些品质是哈佛留给每一名学子的最宝贵财富，也可以被看作是哈佛人对后来者的忠告。

热忱与专注是成功的秘诀

在哈佛的字典中，热忱代表的是一股强大的内心力量，它可以迅速地补充你的精力和能量，在你的体内迸发出一种不达目标不罢休的意志。成功学大师卡耐基也曾断言:"所谓天才,是因为比常人多出了大量的热忱。"成功者和失败者,在个人的技术和能力上的差别并没有想象中的那么巨大,很多时候,往往是具备着更多热忱的那一方更能够取得最后的成功。

在哈佛的校园中流行着这么一句话:"热忱比怨恨更得人心。"这句话几乎被每一名哈佛学子所牢记。"热忱"并不仅仅是一个空洞的词,它是人生中的一股重要的力量。缺少了热忱,人就会变得如同一节早已被用光的电池,不可能再去发光发热。

热忱也是人的才能中最重要的一个因素。一个人必须拥有把梦想变为现实的热忱和干劲,才能获得成功的青睐。当青少年能够把热忱和学习生活结合在一起时,你就会充满了干劲,那么你离成功也就不远了。

如果说热忱带给人力量,那么专注就是力量的催化剂。

成功看起来并没有那么难,为什么成功的人却寥寥无几。每一个人都有远超过自己想象的潜力,但现实中为什么并不能做到很出色? 正是因为大多数人都缺乏专注的态度。

每个人都会希望自己的人生能够有所作为,而专注恰恰是成功和失败之间的那道鸿沟。美国密歇根大学的心理专家发现,当人在专注于一件事的时候,人的大脑才可以发挥出最大的功效。一个人总是用心不专的话,即使他再如何聪明,最终也可能会一事无成。

水滴虽小,持之以恒也可穿石,不是因为水滴力量强大,而只是因为日夜锲而不舍地滴落。一个人的精力是有限的,把有限的精力分散到多个地方,只会浪费时间和精力。真正的成功者都是专注于其中之一,这样才能把事情做到最好。

责任和自律是成功的基石

当一个人来到这个世界上时,他的身上就已经背负上了不同的责任。没有责任感的人生是空虚的,不敢承担责任的人是脆弱的。

责任是一个人成长的动力。成功的人不仅会承担责任,还会希望增加责任，用以激发出自己更大的潜能。一个人的潜力是无限的，你承担的责任越多，就越能够增强自己的能力，从而发挥出更大的力量。

一个有责任心敢于担当的人，会更勇于披荆斩棘、勇往直前；一个有责任心敢于担当的人，即使面对着失败和挫折，也能够直面挑战，重新上路。能成大事的人，必然是一个充满着责任心的人。当一个人能够尽到自己的责任，就会发自内心地满足和愉悦。只有拥有责任心，一个人才能够充分地体现出自己的价值，才有可能取得人生的成功。

哈佛大学总是教导学生，不论干什么事，都要坚持自己的原则，做一个自律的人。

自律就是要自己管理自己，自己尊重自己，自己塑造自己。能够做到自律的人，才是一个成熟的人、一个对自己负责的人。在通向成功的道路上，充满了诱惑和挑战，你不能随心所欲地感情用事，要对自己的言行有所克制，这样才能减少自己的错误。

一个人想要征服世界，首先就要战胜自己。驾驭自己也是天底下最难的事情，每个人的心中，理智和感情都在不断地争斗。你应该有战胜自己、控制自己的情绪和行为的能力。如果任凭情绪控制自己，就会离成功越来越远。

追求自由是人的天性，但这并不意味着你就可以随心所欲，过度的放纵只会毁了自己。如果你有着远大的理想，想要做出一番事业，那就必须要学会容忍和控制，感情必须服从于理性的判断，这样你才能够有可能取得成功。

保持诚信、学会尊重、重视细节

诚信是人身上一笔看不见的财富，在哈佛，每名学子都懂得，诚信是一个人的立身之本，如果失去了诚信，你就会失去一切。

拥有同样能力的两个人，人们只会选择信任具有更多诚信品质的那一个，这是来源于人们对于诚信的尊重和信任。如果你希望自己成为一个有所作为的人，那么千万不要忘记时刻提醒自己，要做一个诚信的人，否则你无法走上成功的道路。

在哈佛学子的眼中，尊重他人就是对自己的最大爱护。一个不尊重他人的人，也不可能得到他人的尊重。尊重他人，是一个人文明的体现，也是做人的基本美德。

尊重他人是人际交往的第一原则，在生活中，我们要从小事做起，从身边的每一件事做起，学会尊重他人，你才能够赢得他人的尊重。

只要能做好每一件平凡的小事，你就会变得不平凡。只有注重细节，做好细节的人，才能构筑出理想的大厦，走进成功的殿堂。

生命中的小事，看似不起眼，但也往往蕴藏着巨大的机遇，而成功者和普通人的最大区别，就是体现在对待细节的态度上。小事成就大事，细节成就完美。当你注重了自己人生中的每一个细节时，你也就拥有了成功的资本。

第三章

独立

告诉父母爱你的正确打开方式

不要在家庭教育中成为第二个老师

当一个孩子还在上学时，尤其是在小学和中学阶段，他在家中的时间要远多于在校园中的时间，而这个时期的青少年，也正是自我塑造、个人定型的关键时期，如果家长能够在这段时期内尽好自己的教育职责，往往能够比校园中的教育更加有效果。但很多家长对于如何做一个好家长、如何更好地教导孩子并没有一个正确的认识，不仅浪费精力，也错过了这段最好的青少年成长期。

父母不要变成家中的老师

作为哈佛历史上杰出的一任校长，纳森·普西曾说："老师的任务不仅仅是灌输课本上的知识，而是要用问题去引导学生们学习，通过用同情心、情感、想象力和耐心，去唤醒学生永不休止的动力，并使他们能够开阔视野，赋予内涵。"

然而，老师们更多的是照本宣科，很少能够真正引导每个孩子走上适合自己的学习道路。不仅老师如此，很多的家长也走入了误区，变成了孩子在家中的另一位老师，延续了课堂上那种灌输知识的教学方法，不仅起不到效果，甚至可能产生负面的影响。

很多的家长习惯于在家中继续教导孩子学习知识。从幼儿园开始，就试图让自己的孩子走在学习的前列。小学和初中，从数学到英语，一直在身体力行地教导孩子学习每一个科目，直到自己再也没有能力去教。即便教不了，也依然不放弃地继续做监工，一定要看到孩子把书本上的知识学得滚瓜烂熟才放心。很多家长也常常抱怨，教孩子真是太辛苦了。

看上去家长们真是很辛苦，但你们有没有认真地想过，孩子需要你教导的真的是你所教的这些内容吗？学校本应该起到更大的作用，但是现状所迫，孩子在学校中只能够学习到课本上的知识，并且很难从中找到乐趣。放学后回到家里，面对的仍然是换了一张面孔的老师，继续延续着课堂里的气氛和学习内容，长此以往，孩子对学习的乐趣将会日益地淡薄，最终甚至会讨厌学习。而家长们，浪费了大量的时间和精力，也没有尽到自己的应有的教育义务。

不要试图跟着孩子一起学习

家长们有没有认真地想过：即使你真的想帮孩子补习功课，那你又能教些什么呢？中学的语文、数学，还是物理、化学、历史、政治……

显然，没有几位家长能有如此全面的能力，甚至可以说，大多数家长没办法教好孩子的任何一门功课。

现代社会的迅猛发展，导致了成年人的知识面时刻都处于老化的过程中。工作节奏的高强度，也使得家长们对孩子的教育变得越发力不从心。

现在作为家长的这一代人，自己的学识、思想、素质和能力，都有着当初自己所在那个时代的局限性，早已无法应付全球化和激烈竞争环境下的孩子教育问题。即便有些家长拥有着高学历，试图跟着孩子一起去学习，也无法摆脱由于专业和年龄等原因导致的狭隘的知识结构和固化的思维模式的问题。更何况，现在社会的分工日渐专业，教育也是如此。

资深教育专栏作家杰伊·马蒂斯，他大学的本科和研究生都是在哈佛学习的，他曾提到过自己的亲身经历：有一次，他和自己正在念十二年级的女儿玩了一个游戏，他们一起做美国历史 AP 考试的选择题，两个人各做各的，互不干涉，做完之后再去对照答案。结果一刻钟后，他的女儿竟然比他多做对了七道题。这件事可以让很多家长清醒一下，到底你是不是真的有能力，在家庭中做一个称职的老师。

从另一个角度看，即便家长花费大量的精力去和孩子一起学习，能够很好地教导孩子学习知识，但随着课程的增多、难度的加大，家长不可能一辈子这么做下去。当有一天孩子离开了你，那会变成什么样的状态？很可能孩子会失去独立学习的能力，无法单独面对没有父母指导的生活。

做向导而不是轿夫

也有那么一小部分家长能够真正地做到牺牲自己，成全孩子。他们从孩子上学开始，就全心全意陪着孩子一起学习，甚至辞去工作，做一个全职的"陪读"家长。甚至直到大学都要陪同、护送，生怕孩子学不好功课，有什么闪失。

这样的家长无疑是牺牲了自己、照亮了孩子。但子非鱼，安知鱼之乐？如此被全天候陪护的孩子，与其称他为一个独立的人，不如说是家长的影子。一个人不学着自己寻找前进的道路，总是安心地坐在家长抬着的这顶轿子上，那么即便他在轿子上翻越了无数险峰，仍会在独自走路时摔倒在平地上。

教育专家告诉我们，在孩子从小开始学习的时候，家长不需要过多地在学习知识的细节上去手把手地教导。此时，家长们更应该起到的是一个向导的作用，要向孩子提出好的问题，把问题留给孩子，也把独立解决问题的机会留给孩子，放心地让他们从书本中、从生活中去寻找答案。这个过程中，家长们可以参与其中，和孩子一起讨论问题，从细微处悄悄地指引孩子，而不是大包大揽，自己先把问题解决，再教会孩子自己解决问题的方法。

用这种方法教育出的孩子，更具备独立思考的能力，他们会拥有自己的思想，习惯于独立地解决问题，而家长们也真正起到了自己应有的作用，起到了一个合格的向导的作用。不要总是辛苦地陪着孩子一起学习课本上的知识，也不要试图教会孩子用什么方法去解决问题。人生的路总是需要自己去走，引导孩子学会自主地学习，学会独立思考，这样的好家长才能胜过好老师。

请帮我建立正确的金钱观

很多的家长，总是担心孩子受到委屈，因此只要孩子张口，在自己力所能及的范围内，都会给孩子最好的。但最好的并不一定都是最合适的，在孩子建立正确金钱观的过程中，过于简单粗暴的方式反而会起到不太好的效果。

零用钱也有大智慧

一个孩子从明白金钱的作用时开始，就会向父母要零花钱。孩子到五岁或者六岁时，他就基本上懂得了钱与购买之间的关系，并开始懂得了区分钱币的面值，以及简单的找零加减法。这时的家长，就会面临着该给孩子准备多少零花钱的问题。

有些家长会去精细地控制孩子的零花钱，会管理他的每一笔花销，只有当他们认可了孩子某些购物计划时，才会给他一些零花钱去购买；另一些家长则选择了放手不管的方式，孩子只要需要，就会给充足的零花钱，而不去干涉孩子的使用方式。

第一类家长，会导致孩子形成不了自己的金钱观，一切都以父母的要求为准，当他真正开始独立生活后，就会发现自己拿着钱却不知道该怎么计划去花；第二类家长，会让孩子养成大手大脚的消费习惯，须知勤俭节约是传统美德，来得太容易也不会去珍惜，这样会让孩子变得好逸恶劳，习惯了伸手却学不会自己用双手去创造。

零用钱的真正作用，并不只是让孩子去花，而是要用这笔钱去让孩子养成正确的消费观和金钱观。钱不能成为家长控制孩子的一种工具，这样只能让孩子变成金钱的奴隶；钱也不能让孩子轻而易举地要多少有多少，这样就失去了家长给孩子零用钱的初衷。

家长要让孩子知道，钱是父母辛苦努力所得，来之不易，孩子要学会如何去花这笔钱。零用钱也不需要逐年增加，而是一开始就处于一个比较合适的水平上，如果孩子很快就花完，那也不要再给，如果愿意节约下来，那就可以用于购买更多更好的东西。不断地增长零用钱并没有实际的意义，主要的是要让孩子了解收支平衡、需求和财力的相关关系。

让孩子从小开始学会花钱

除了在给孩子零用钱的方式上要具有智慧之外，还要让孩子树立起正确的观念，那就是先储蓄再消费。钱是用来花的，但是如何更有效地花钱就是家长要让孩子从小学习到的东西。

小孩子总是会对很多东西好奇，自制力又差，当孩子有一些特别的购买目标时，家长不妨趁机教会孩子们去存钱，虽然你手头的零用钱不足以让你买到自己最想要的那件东西，但是你可以通过存钱，让零用钱变得越来越多，最后就能够去购买自己心仪的物品。

经济学家也建议，鼓励孩子设立短期的目标，让他们存储零用钱，这样几周之后就可以买到更好的玩具、书籍或学习用品，然后让孩子设立更大的目标，需要储蓄更久，几个月甚至一年。之所以采用这样的方法，是让孩子觉得目标和进展离他们并不远，这样他们就可以把自己的注意力集中在目标上而不是零用钱上，也能借机学会重要的一课：对自己的花销负责。

当孩子年龄长大后，可以用更远一些的目标激励孩子去储蓄。比如在孩子十岁生日那天，家长为他开一个银行账户，以后每个月都往里面存入一定数额的钱，然后告诉孩子，如果他能做到不去动用，一直储蓄下去，在他 18 岁成年的那一天，就可以给自己很大的惊喜。通过这种远期的目标，来激励孩子去学会管理自己的零用钱。

让孩子存储零用钱，不是目的，而是一种手段，这可以让孩子懂得负责自己的花销，并且越来越善于处理自己的开支，从而自发地了解财政预算和收支平衡的概念。

培养孩子的财商

在美国，家长对孩子的理财教育从三岁时就开始。在英国，政府要求学校在小学就设立理财教育课。从小就培养孩子理财的财商，是一件十分重要的事情。

美国家长习惯于一次性给孩子定量的零花钱，让他们逐渐学会合理地计划自己的支出。同时也给孩子一些理财的机会，比如在购物时让孩子学会货比三家，在孩子做出合理的收支管理时给一些额外的小奖励，等等。通过这些有意识的行为，短期来看可以让孩子懂得节制，长期来看可以培养孩子的理财能力和理财习惯，这将会让他们受益终生。

美国的孩子们通过这种方式，能够在很小的时候就具备独立的金钱观，在 12 岁之后，完全就可以自己去开设账户，参与一些成年人的理财行为。他们从小就具有正确的金钱观，正如哈佛大学的教授对学生强调财商的重要性时，常告诫他们：智商只能让你聪明，却不能让你富有；情商可以让你获取到人生的第一桶金；而财商可以让你保住第一桶金，并让它增值。

中国的家长们不妨也尝试一下这种方式，给孩子建立一个独立的账户，让孩子从小就养成珍惜钱财的好习惯，练就当家理财的能力。这样一是可以养成节俭的习惯，提高孩子的独立性，二是可以培养孩子细致的作风和一丝不苟的能力。一个真正懂得如何正确花钱的孩子，就相当于从小就具备了现代人的一个必备素质——理财。

如果你真的爱孩子，就要立即停止泛滥的娇宠和溺爱，接纳一些新的教育理念，为孩子从小就打下良好的基础，拥有正确的金钱观，这将会影响孩子的一生。

对于计划，请给我自由决定的机会

每一位家长，都从心底对自己的孩子寄予厚望，有些甚至早早地就计划好了孩子成长过程中的每一步，什么时候需要学什么、需要达到什么水平，都列有详细的清单。家长对孩子的未来期望较大无可厚非，每个人都会望子成龙，但当你为孩子安排这样那样的计划的时候，有没有真正去关心孩子，去问一问孩子的想法。

因材施教更重要

每个人都会有自己的遗憾。例如，一位父亲可能会遗憾自己年轻时因为受伤而无法继续自己的足球运动员梦，一位母亲可能在懊恼自己年轻时没有坚持把钢琴练习下去，错过了成为一名钢琴演奏家的机会。

有些家长喜欢把孩子看成是自己生命的延续，并在孩子成长的过程中，希望孩子能够弥补自己年轻时的遗憾，代替自己完成未实现的梦想。

这种思想是错误的，虽然孩子的发展离不开父母的管教，但是，孩子和父母是不同的个体，每个个体都有自己独有的特色和天赋，不能只因为父母自己的喜好，就把一些计划和目标强加于孩子身上。

对于孩子而言，过早地被强加上太沉重的负担，不仅不利于孩子的成长，而且会使孩子对自己产生错误的认识，迷失了前进的方向。

在给孩子设立目标和计划时，家长们切不可过多地自我代入，用自己年轻时的梦想去代替孩子的梦想，用自己的决定去回绝孩子的想法。每个人的天赋都不同，或许有些天赋是可以遗传的，但只有天赋并不够，还需要孩子产生足够的兴趣，有时兴趣所致，就是一个人最好的天赋之所在。

父母在教育孩子的过程中，更需要学会因材施教，不能想当然地认为学习什么更好，就逼迫孩子去学习什么。而是要找到孩子的兴趣所在，或者小心地去引导孩子的兴趣，然后给予孩子鼓励和支持。只有孩子真正依照自己的兴趣和想法去学习，才是高效的、有价值的学习。

不要轻易否定

作为父母，当你的孩子对你说出自己的一些想法时，一定不要轻易地去否定他。孩子的眼界和智力决定了他不可能做出多么成熟的决定，如果家长随意地否定了孩子，会让孩子产生一种挫败感，并会导致他更不敢独自去决策，影响其成长。

更为合适的处理方式，应该是不要直接否定，而是想方设法地引导孩子认识到自己决定中不正确的地方，并且能够主动地去完善自己的决定。如，儿子对父亲说："我以后想要做一个赛车手，看起来好酷啊。"如果父亲此时的答复是："别胡思乱想了，你哪有那个本事，赶快写作业去！"那么先不说一位潜在的未来赛车手就此夭折，在儿子的心中，也会对自己产生怀疑，怀疑自己的眼光和能力。

假如这位父亲换成另一种方式来回答："哇，儿子你真棒，爸爸小时候就没有你这么有理想。不过你真的决定了吗？那咱们一起来看看怎么才能成为一个赛车手。你得有一个好身体，必须很强壮才能控制好赛车；你还得保护好自己的视力，不然眼镜会是你成为赛车手的阻碍；当然了，学习也是必不可少的，光是对各种赛车的理论、原理、技术的学习，就是一门很大的学问呢。既然你有这个愿望，那就想想自己的计划，只要你真的做好决定，那就努力地做下去。"

后一种方式的回答，并不只是说了更多的话而已，而是带着孩子一起分析他的愿望的可行性，并告诉孩子需要做些什么。如果孩子真的兴趣十足，那么谁能肯定地说他实现不了自己的理想呢？家长也要试着给孩子更大的空间和可能。如果孩子只是一时的兴起，那么经过这些细致的分析，自己也会更理性地看待自己的想法，并在以后做类似决定时，能够更合理细致地思考。

给孩子自己决定的机会

人的一生需要做出无数的决定，而孩子也总有长大成人的一天。若总是习惯于被动服从父母的计划，那当孩子长大后，就失去了自己做决定的能力和胆量。

如果一个孩子的生活全都是在父母的决定中度过，他所做的每一件事背后，都有着父母的影子。那么当他有一天需要自己独立生活，独立做决定时，他必然会变得茫然失措，只会想办法去寻求父母的帮助，而不是独立地去解决问题。

人的决定不可能全都是正确的，父母也不可能保证自己的决定一定会适合孩子。不妨给孩子更多的自主权，试着让孩子自己去做决定，家长只需要把握住大的方向，把细节交给孩子。

当孩子做出了一些并非原则性的错误决定后，家长也不要急着去纠正和制止，只需要在旁边观察和进行一定的保护，要让孩子体会到自己做出错误决定的后果和代价，这样孩子才能形成正确的是非观，才能体会到机会的平等和把握机会的重要性。时间长了，孩子就能学会在决定之前进行更多的思考，从而做出更为合理的决定，才能够成为独立自强的合格人才。

千万别用填鸭式灌输教育我

填鸭式教育，指的是一种通过死记硬背，来让学生形成硬性记忆的灌输式教育。这种教育模式简单粗暴，虽然能够在短期的测试中起到一定的速成作用，但是这种教育方式忽视了个人的独特性，忽视了孩子们的创新能力，所以这种教育方式很不可取。

泛滥的填鸭式教育

在填鸭式教育中，老师们的任务就是把知识一味灌输给学生，给了文章，就先背会；给了题目，不会做就把答案背下来。"反正完成任务就得了。"学生们如是说。

随着社会的进步，人们越来越多地接触到各式各样的教育方式，了解到世界各国的不同教育体制。但是，很多家长依然习惯于采用填鸭式的方式来教育自己的孩子。

很多家长早早地开始培养孩子，有些孩子三岁就能熟背《唐诗宋词三百首》，四岁就能熟练地演奏不止一种乐器，五岁就能够解答出小学高年级的奥数题，等等。

看上去这些孩子都相当优秀，甚至可以说是儿童中的杰出人才。而众多家长也为孩子的卓越表现而欢欣鼓舞，更是变本加厉地增加孩子的学习内容，报更多的兴趣班、培训班。

但教育是有规律的，这种家长人为加诸孩子身上的教育，毫无疑问就是填鸭式的教育。虽然通过这样的教育，孩子可以在很小的年纪，就掌握远超同龄人的知识量，但要注意，这些知识并不是孩子按照自己的好奇和兴趣主动去获取的，而是由家长安排的各种兴趣班，或其他方式强行灌输给孩子的。

这样教育出的孩子，可能会背诗词，却没有良好的自我表达能力；可能会做奥数，却算不好生活中的加减法。这就完全背离了教育的本质。

小心填鸭式消化不良

即使知道填鸭式教育并不适合，很多家长依然存在着侥幸心理，虽然担心填鸭式教育的不良影响，但更想让孩子赢在起跑线上。

于是，家长们攀比般地给孩子灌输知识，并且开始的时间也越来越早，幼儿园呈现小学化，极大地限制了孩子的想象力和好奇心。从小学到中学，孩子们始终处于一种高强度的学习状态中，整日奋斗在题海、考试和不断地上补习课中，得不到喘息的机会。

等到闯过了高考这座独木桥，到了大学和研究生这一创造力最强的阶段时，中国的孩子们大多都已经严重透支了精力和精神，成了强弩之末。此时的他们，失去了外界压力的刺激，难以再提起学习的兴趣。虽然大学拥有更为自由的学习氛围，但因为填鸭式教育导致的消化不良，让他们难以再去进行知识的获取和创新。

曾有个成绩很好的男孩，被家里送至多伦多大学念书，结果不到一年就退学回来，准备重新参加高考。其他人很奇怪，难道是因为多伦多大学不好吗？他说："不是不好，而是压力太大。"

他解释道："学校会经常要求做 project（课题），学生需要自己去图书馆查阅大量资料，然后自己进行分析研究，有时还要进行问卷调查，最后写出具有自己独特见解的报告。中国孩子原有的死记硬背的学习方法在那里失去了作用。"

于是，他每一天都必须全力以赴，即使这样，也难以弥补自己所缺少的那部分创新和自学能力，于是只得和另外的几个中国同学一道退学回了国。

国外的学生到了大学才开始强化学习，此时他们有了丰富的知识积累，整合已有的知识资源，开始发挥自己的创造力，而我们中国的孩子却因为长期处于强化学习状态，提前"老化"，难以继续接受高强度的学习了。在"填鸭式"教育中长大的孩子，过度的提早灌输，已经让他们消化不良，无法接受更多的知识了。

用启发代替填鸭

面对着填鸭式教育的这么多弊端，家长们不妨尝试一下另一种教育方式——启发式教育。

启发式教育在数千年前就早已出现，在中国最早体现在孔子的教育方法中，孔子有弟子三千，讲究对每名弟子因材施教。孔子曾有一言："不愤不启，不悱不发。举一隅而不以三隅反，则不复也。"这句话的意思是，当学生心中有想要弄明白的道理，有想要更好去表达的欲望，才能够主动了解道理，去学习言辞。如果学生不能够举一反三，就要另外选择其他的教育途径。

启发式教育的主旨，不是简单粗暴地直接灌输知识给孩子，而是用问题去引导孩子自身的探索和求知欲望，启发孩子自主地思考，帮助孩子去发现和获取知识。

中国伟大的教育家陶行知也曾在书中写过许多启发式教育的先进理念，他从"教学合一"、"学生自治"、"平民教育"、"学校观"、"创造的儿童教育"、"民主教育"等各个方面阐述了"生活即教育"及"知行合一"的独特教育思想。

通过两种教育的对比就能够发现，相对于孩子的年龄特点和成长方式，启发式教育无疑更好。在教育界有一句话："我听，我忘记；我看，有印象；我做，我记住。"填鸭式教育前两项都有，就是没有"做"这一环节，而启发式教育就充分考虑到了做的重要性。

作为一名家长，要充分地认清楚两种教育的优劣，即使无法消除填鸭式教育，也要尽可能多地给孩子以启发的方式去引导他学习，减少盲目的知识灌输，这样培养出来的孩子才能具有更强的创造力，也能拥有更多主动的学习积极性和韧性。

请发现并呵护我的兴趣

当一个人对某件事情感兴趣时，往往会迸发出超出过往的热情和能力。孩子也一样，当孩子拥有了自己的兴趣方向之后，也能够激发出他的专注和热情，甚至最终可以产生家长想象不到的结果。

兴趣是最好的天赋

对于还未发育完善的孩子而言，兴趣的力量是无比巨大的，甚至可以说，兴趣就是一个孩子最好的天赋所在。

当孩子有了自己感兴趣的事物后，这个兴趣点就能够让他的大脑得到最大限度并且最持久的发挥，他会竭尽自己的全力去探索和求知，这个过程是完全发自孩子内心的。当孩子在探索的过程中有所收获时，其所带来的成就感和喜悦感，远远超出那些孩子并不感兴趣的地方。

有了兴趣的孩子，将会在学习时变得特别轻松和开心，他们会非常主动去做自己兴趣所在的这些事情，并且会不知疲倦。孩子的年龄决定了他难以像成年人一样对事物的得失有明确的认识，也不可能有太强的自制力。任何方式都比不上兴趣对于一个孩子的引导和激励，合理的兴趣能够让孩子像成年人，甚至比成年人更加忘我地沉浸于一件事情中，这对孩子的大脑发育及智力成长都会有非常显著的帮助促进作用。

在当今这个高速发展的社会中，个性被越来越多地强调。只有当一个人的个性和兴趣得到充分的发展，才能更全面地进步。家长不应该担心孩子的兴趣太多，而是应该担心孩子无法对任何事情产生兴趣。

兴趣不仅能影响孩子的成长，还具有更深层次的含义，它可以与孩子的特殊天赋和能力联系在一起，孩子的兴趣所在很可能就代表着他拥有最大潜力的地方。当孩子按照兴趣的指引去学习时，他不仅会学得更快乐，将来也更有可能在某方面取得成就。

别给兴趣套上功利心

孩子的兴趣和天赋并不受人控制，很多兴趣看上去并不是那么让家长满意，于是家长为了不让孩子输在所谓的"起跑线"上，往往会选择性地忽视了孩子的真正兴趣，而盲目地跟风，对于一些能让孩子取得更好的升学考试的兴趣就大肆支持，甚至是逼迫孩子去学习，而对于一些孩子喜欢却不符合父母要求的兴趣，盲目地打压和制止。

父母的这种行为不仅短视，而且是带着太过强烈的功利心。父母应该做的，是尊重孩子的兴趣和爱好，即便这些兴趣可能距离父母期望的有所差距，但只要是正当的兴趣爱好，都不应该一味地否定。只有孩子在做自己真正喜欢的感兴趣的事情时，才能够充分地发挥出自己的创造力和潜力，才能够充分锻炼自己的专注、认真和持之以恒的品质，才能够有利于自己的成长。

家长如果一意孤行地用功利的心态去对待孩子的兴趣，强行把孩子不喜欢甚至讨厌的学习内容加诸孩子身上，那不仅会导致孩子失去了发挥出自己才能的机会，还容易让孩子产生厌烦心理，讨厌学习，对孩子的成长造成很严重的后果。

更有甚者，在给孩子安排了大量的学习任务后，还对孩子严加要求，一旦孩子达不到目标，恨铁不成钢的父母就对孩子非打即骂。久而久之，孩子就会产生严重的逆反心理，并且对自己的能力产生怀疑，轻者变得自卑和寡言少语，重者甚至会产生自闭倾向。

科学地呵护孩子的兴趣

诚然，因为缺乏足够的分辨能力，孩子所选择的兴趣不一定对自己的成长有帮助，甚至会产生负面的影响。家长此时就要科学地对待孩子的所有兴趣，用一种小心呵护的态度去潜移默化地影响孩子的兴趣，而不是过分地指挥和干涉。

科学的方法就像是对待植物的幼苗，因为幼苗的弱小，不能用太过激烈的手段去修剪和矫正，应该是让它尽可能自由地生长，但是当幼苗明显已经长歪了，即将会危及未来的健康成长时，也要早日地将其矫正到正确的方向上。

当然，家长过多地用自己的计划代替孩子的兴趣是一种不可取的行为，而放任孩子随意地成长，一点都不插手也不科学。如果孩子因为沉浸于某些对他没有任何好处的兴趣中，而影响了正常的生活和学习时，父母应当进行一定的干预。这种干预不是简单粗暴地禁止，而是要用一种孩子可以接受的方式，耐心地教导孩子正确对待两者之间的关系，合理地安排自己的时间。

家庭教育中不需要过分的"家长权威"

权威的确会带来一定的信服感，人们都愿意成为权威，都愿意拥有某方面的权威。但家长们如果想把这种权威的观念，用在与孩子的交流和教育之中，那就不见得是一件好事了。

教育不需要"家长权威"

教育的本质在于学习知识，明白事理，而家长权威不能对这两个目的的实现给予有效的帮助和影响，反而会给孩子带来不好的影响和干扰。

泰勒生活在美国密西西比州，他的父亲对他要求十分严格，想要泰勒什么事都听他的。泰勒自己也确实很害怕自己的父亲，因此平日里总是下意识地躲着他，虽然父亲让他干什么他就干什么，但几乎从不主动和父亲说话，只有当他的父亲询问时，才会问一句，答一句。泰勒私下和自己的好友说过："我真的不知道自己学习能怎么样，只要能过我爸的那关就满足了。"

好友问道："难道你是给你爸爸学习的吗？"

泰勒说道："你不知道我爸的样子，他只管我考多少分，从不关心我在学校过得怎样，他根本就不爱我。"

事实上，每个父亲都爱自己的孩子，但泰勒父亲的这种方式只能展示出自己的家长权威，而没有真正走进泰勒的心里。这种方式教育出的孩子，只会觉得父母一点都不关心自己，只会提各种要求。长此以往，孩子又如何能够从学习中收获到属于自己的那份快乐呢？就像在童话故事中，孩子们都喜欢慈祥和蔼的外婆，而厌恶凶狠的大灰狼。同样的道理，如果父母一直保持着所谓的家长权威，那么你在孩子们的眼中，就会像大灰狼一样可怕，虽然孩子会十分听话，但都是恐惧在起作用，这样教育出来的孩子，不仅不可能和家长有心灵上的沟通，还会失去自己的主见，很难走上成功的道路。

如何放下权威

明白了家长权威的危害，家长们就不要再无动于衷了，积极地改变一下，放下权威，平等地对待孩子，这可以获得更好的教育效果。

放下权威，走入孩子的内心吧。

试着用平和的语调规劝孩子。当孩子做错了事情时，不要马上黑着脸批评孩子，更不能火冒三丈、高声叫骂。错误既然已经发生，那么如何发怒都已经于事无补，何况许多错误也只是孩子的无心之失。不如去观察孩子的反应，然后耐心地指出他在这个过程中所犯的错误，这时父母脸上的微笑，就是对孩子改正错误的最大鼓励。

平等对待孩子，允许孩子说出自己的观点。一些父母会觉得孩子年龄尚小，不会有自己的想法，或者即使有想法，也没有任何意义。这么想是十分错误的，孩子虽小，但内心世界则十分丰富，孩子也渴望父母与自己沟通，渴望父母留意自己内心的想法。如果父母能够平等地对待孩子，认真地听取他的想法，并且思考这些想法的可行性，而不是简单粗暴地无视孩子的想法，对于孩子而言，他就会收获父母所带给他的自信和愉悦，这也会促使孩子更有动力去表现自己，更努力地去学习提高自己的表达方式。这样对于孩子的语言能力和智力发展，都能起到很好的作用。

总之，父母在孩子面前树立起自己的家长权威可能不是好事；相反，平易近人、平等民主地和孩子相处，这样更容易让孩子得到良好的教育，更易于引导孩子成为一个懂事的"小大人"。

不要再说"别人家的孩子"

人的一生总是在不断地做比较，和同学比，和同事比，和名人比，和各种各样的人比。有些时候，比较可以让人看清楚自己的不足，明确前进的方向，但有些时候，过多的比较也会让人瞻前顾后，失去前进的勇气。思想成熟的成年人尚且不能很好地把握比较的尺度，如果家长把这种比较强加在孩子的身上，会造成不太好的结果。

盲目地比较

生活中，常常可以看到这样一种场景：你看隔壁家谁谁谁，这次考试又考了多少分啊；你看你的同桌，人家怎么就能这么热爱学习呢；多和人家成绩好的孩子学学，人家考得那么好，你就知道玩。这一幕幕场景和话语，不断地重复出现在孩子们的眼前和耳边。

当然，对于一些孩子和父母而言，通过合理地比较，可以激发出孩子的好胜心和斗志，让孩子更有动力，取得较好的教育效果。家长如果能为孩子选择合适的榜样，榜样的力量和示范作用，就可以给孩子带来很多积极的影响。

很多家长并没有掌握好这种方式，他们更多的是出于一种盲目攀比的心理，而忽视了孩子个性的差异，如果单纯盲目地去拿别的孩子来与自己的孩子进行比较，孩子不但不能够获取动力，还可能会成为比较的牺牲品。

在社会心理学家的眼中，"比较"在一个人的心理发展过程中起到的作用主要是两种：一个是可以认识自己。人都是通过与其他人的交往过程来认识自己的，可以说，以人为镜，才可以看清楚自己；另一个就是确立目标，"比较"可以帮助一个人找到自己的人生目标和努力方向。

但很多家长，往往过于强调比较的结果，过分将目光聚焦在自己的孩子比别人薄弱的地方，这就让比较失去了应有的意义。最终就会演变为，孩子一听到家长拿自己与别人比较，就下意识地排斥，这样不但不能够帮助孩子发现自己的真正问题，还会让孩子和家长疏远。

盲目比较的恶果

每个人都有自己的长处和短处，比较不仅仅是为了让自己看到自己的短处，也能让自己看到自己的长处，这样才能对自己有一个充分的认识。

很多家长在把孩子和其他人做比较时，总是容易出现盲目比较的情况。有些父母会对孩子抱有某些不切实际的过高期望，或者一些父母总是拿孩子的短处和别人的长处做对比，这些做法都容易使孩子产生挫败感，不利于培养孩子的自信心。没有一个孩子愿意承认自己比别人差，他们也都希望得到家长的肯定。如果父母总是把目光放在孩子的短处，并不断强调孩子比别人差，就会导致孩子自我否定，继而在成长中遇到困难就恐慌、退缩，对孩子的心理造成严重的伤害。

除此之外，盲目地比较也会造成孩子在尚且年幼时就失去安全感。研究表明，四岁以下的儿童，如果总是听到父母说自己不如某个邻居或者同事家的孩子，心理压力就会明显增大，会产生一种会被抛弃的感觉。当孩子渐渐长大，逐渐意识到自己即便不合父母的意，父母也不可能抛弃自己时，那种努力的动力也会消失，这个时候的孩子就会在心理上产生一种疲惫感，导致任何的批评和差距，都不能让孩子得到触动和激励。

用欣赏代替比较

作为父母，应该意识到自己的孩子是一个独立的个体，并不是所有方面都和其他人有可比性。别的孩子优点很多，但并不是都需要自己的孩子去学，更重要的是培养出孩子独特的个性。

盲目地比较导致了家长教育孩子的心态发生错位，不能看到孩子的优点，而是只盯着孩子的缺点，不断要求孩子改正和提高。这种比较只会给孩子增加心理压力，无助于孩子的培养。正确的态度应该是用一颗平常心去看待孩子的一些缺点和不足，这些不足都是暂时的，只要多一点鼓励、多一点赞赏，孩子自然会进步。

此外，父母还应该学会用全面的眼光看待孩子。比较有两种，横向的比较是把自己的孩子与其他孩子比较，纵向的比较是用孩子的现在和过去比较。科学的比较态度，不能只是横向的比较，纵向的比较更为重要。要关注孩子所取得的进步，并及时做出回应和鼓励，这样孩子才能有继续进步的动力，并且在进步的过程中，保持有自己的特点和个性。

不论如何，父母都不能简单地用比较作为衡量和要求孩子的依据，人的成长是一个全面的渐进的过程，不论起步如何、过程怎样，父母都应该给予孩子充分的欣赏和鼓励，让孩子勇敢地奏响自己生命的乐章。这才是把孩子的潜能转化为实力的最有效的方式，也是孩子信心最大化的来源，更是孩子实现自己的价值的必经之路。

放下唠叨

在许多的家庭教育中，存在着一种十分常见的现象：父母总是会不断地对孩子叮嘱这个、交代那个，不断地提醒孩子应该干什么，不断地督促孩子去干什么。这种像是把嘴巴钉在孩子身上的行为，就是很多父母都会经常出现的唠叨现象。

为何有的父母爱唠叨

在家庭教育中，唠叨是一个很不好的教育方法，那为什么还有这么多的父母总喜欢不停地对孩子唠叨呢？

心理学家的相关调查研究表明，首先，爱唠叨的父母普遍缺乏自信，而且性格中软弱的部分占据了上风。对于这样的父母，唠叨就如同是他们的心理慰藉，通过一遍遍地重复自己讲的话、做的事，来增强自己的信心，而唠叨的同时，也能带给这些父母一种在孩子面前的权威感。

唠叨的另一个原因，就是源于父母对孩子的不信任。有些父母总是习惯于把眼光放在自己孩子的缺点上，他们总是不断地盯着这些缺点，随之而来的就是不断地唠叨，翻来覆去一遍又一遍地说。在他们的潜意识中，自己的孩子并没有足够的能力独立去完成自己的事情或任务，所以父母就一遍遍地唠叨，教孩子如何去做、提醒孩子按时去做。

唠叨的第三个原因，就是有些父母误解了教育的本质。过去，教育更多的是一种重复性的学习，通过不断地重复掌握知识，所以有些父母就沿用这种旧思维，为了让孩子学会学好，就采取不断唠叨的方式，在他们的心中，只要把想让孩子学到的东西不断地督促，天长日久，就能够潜移默化地影响孩子，从而实现家庭教育的目的。

唠叨还有着其他一些原因，但不像上述的三个这么普遍。那么，唠叨是不是真的能对孩子产生积极的影响呢？

唠叨的负面影响

唠叨不仅不像有些人想的那样，能够有利于孩子的教育，相反，还会产生诸多的负面影响。

唠叨的形式让人厌烦，唠叨的内容也大多会指向于孩子的缺点。家长针对孩子缺点的唠叨，不仅不利于缺点的改正，更会带给孩子一种冷嘲热讽的感觉，让孩子感到自己不被尊重。

心理学家做过相关的研究，当人们反反复复地听到同样的话时，会产生一种习惯性的听觉健忘，也就是俗话说的"左耳朵进，右耳朵出"，虽然看似听了所有的话，但实际上并没有在大脑中形成任何记忆。

虽然父母都有义务对孩子的不当行为和言论进行批评教育，但是一定要注意方式和方法，教育的效果达到后，就不要再不停地唠叨。有些家长习惯用唠叨指挥孩子做这做那，这不光是会让孩子心烦，更为可怕的是，有些孩子会因此对父母的唠叨产生依赖感，当父母不唠叨时，自己反而会变得做不好事情，失去了独立性。如果父母总是进行批评性的唠叨，就容易加重孩子的心理负担，让孩子对自己越来越缺乏信心，甚至产生强烈的逆反心理。如果父母的唠叨既不批评，也不指挥，只是随意的唠叨，这样的唠叨容易导致孩子养成注意力不集中的坏习惯，当真正说到需要孩子牢记在心的关键内容时，也会被孩子给忽略掉。

如何避免唠叨

唠叨的坏处这么多，那如何避免唠叨呢?

首先，父母要让自己说的话不自相矛盾。想要克服唠叨，在开口之前，你就要先在脑子中仔细过滤一下想说的话，不能信口开河。已经决定的事情，不要随意改变，更不要跟孩子反复强调。

其次，父母要学会给孩子自己做决定的权利。一般来说，硬性的命令总是不如孩子发自内心地主动去做效果好，要给孩子一定的自主权，激发出他的主动性，就会提高孩子的积极性和兴趣，自然也就不需要父母的催促和唠叨了。

再次，父母总有需要仔细叮嘱孩子的地方，但要有明确的目标，不能事无巨细，样样都叮嘱。当父母真的需要对孩子进行教育和言语上的指导时，要用尽量简洁的话语，努力使用孩子更好接受的说话方式，对孩子进行耐心的指导。只要把前因后果一次讲明白了，并且提出具体的建议和指导，剩下的就是信任孩子，让他自己去完成。

最后，唠叨归根到底是不可取的，父母可以指导或批评孩子，但不能唠叨不休。相比于不断地唠叨，父母更应该做的是培养孩子的独立自主能力，让孩子做自己的思想和行为的主人。

给我一种名叫"放手"的爱

中国的孩子多数都是独生子女，一出生就受到整个家庭的关注。这种情况下，家长们对孩子简直是捧在手心里怕丢了、含在嘴里怕化了，恨不得一切都给孩子最好的，无论孩子有什么要求，家长都会想办法满足。

这种爱有个专门的名字——"溺爱"。

溺爱并不是爱

虽然溺爱中也有个"爱"字，但是溺爱不等于爱。

当今社会，溺爱子女变得越来越普遍，很多家长甚至将对子女的溺爱程度进行互相攀比，生怕自己孩子过得没有其他家庭的孩子好。

在生活中，我们常常听到这样的话语："想当年，我们的童年过得太惨了，要什么没有什么，一定不能让孩子再和我过去那样受罪。""现在条件好太多了，而且只有这么一个孩子，无论如何不能让孩子吃苦受累。"类似的言论还有很多，正是怀着这种想法，现在的父母们习惯于竭尽所能地从各方面去满足孩子的要求。甚至有的家长还会帮助孩子做很多本应是他自己去独立完成的事情，如写作业、做值日打扫卫生等。

在这些家长眼中，无论对孩子多好，都无法完美地表达出自己对孩子的爱。爱孩子没有错，错的是表现的方式，爱是需要用心去感受，而不是用这样满足孩子所有的要求的方式来展现。真正爱孩子，就应该为孩子着想，当他遇到困难时，父母需要做的并不是替孩子解决困难，而是鼓励和支持孩子自己去解决困难，用这种发自内心的爱去让孩子得到精神上的洗礼。

孩子的健康成长，需要家长们用自己无私的爱去关怀、去呵护。溺爱则是孩子成长的大敌，家长们如果把溺爱当成是对孩子的爱，那么所做的一切不仅对孩子没有一点好处，反而会对他今后的发展产生不好的影响。

溺爱孩子 = 害了孩子

生命的意义在于挑战，唯有不断努力向前，才能攀上人生的高峰。试想一下，如果小鸡一直在母鸡的翅膀下长大，那它永远也不可能学会自己觅食；如果小鹰一直在老鹰的呵护之下长大，那它也永远不会有机会翱翔于天空。

当家长们一味地溺爱孩子，孩子将失去独立闯荡独立生活的能力，而缺乏独立生活的能力，就意味着无法面对生活中的种种困难和挑战，更是不可能适应竞争激烈的社会，也谈不上建功立业，走向人生的巅峰了。

溺爱不仅不等于爱，溺爱就是对孩子的最大伤害。当一个人拥有了理想，他的人生才能够变得更加精彩，过多的溺爱，剥夺了孩子实现自己理想的机会，这是害了孩子。

放手才能飞得更高

溺爱带来伤害，家长们要学会放手。

相比于父母对孩子的所有事情都大包大揽，不让孩子受一点点罪而言，父母更应该试着大胆地放开自己圈住孩子的双手，让孩子自己去接触这个世界，去做自己需要承担的一些事情，这样才能培养出孩子独立生活的能力。

放开溺爱的双手，孩子的自立能力才能得到锻炼。要让孩子亲自动手去做一些他们应该做的事情，不要怕他们会出现偏差或者失败。家长需要做的只是控制大的方向，保证孩子不脱离正常的轨道。通过多次的实践，孩子就能够很快地成长起来。

家长要相信孩子们拥有学习社会生活技能的能力和天分，只要培养起他们自己动手的乐趣，逐步教会他们做事的基本流程，就能培养他们的技能，给孩子创造一个良好的学习自立的家庭环境，那孩子一定能够还家长一个惊喜。

此外，家长还需要让孩子明白自立在自己今后生活中的重要性，进而帮助孩子摆脱对父母的依赖性，增强孩子的独立性。

小鹰在长到一定大之后，依然会不愿意离开巢穴，不愿离开老鹰的身边。此时的老鹰，就会把小鹰推出巢穴，推下悬崖。小鹰在坠落的过程中，被迫扇动翅膀，学会了飞行。这个过程可能会导致小鹰的死亡，但只要活了下来，那小鹰就拥有了翱翔天空的能力。

父母对待孩子，自然不能如同自然界的动物这么原始和粗暴，但是这种果断放手的思路值得每一位家长学习。很多情况下，家长的放手可能会给孩子带来一时的困难和辛苦，但长久来看，只有早日放手，孩子才能尽早地学会独立生活，才能给自己未来的成功增加更多的希望。家长们必须明白这个道理：放手才能让孩子飞得更高。

第四章
定 位

我们应该怎样对待差距

随时知道自己的现状

成功的道路上，盲目的自大和过分的自卑都会阻挡你前进的脚步。

自大与自卑，都取决于一个人对自己的判断。高估自己的能力，就会对可能遇到的困难准备不足，最终被困难击倒；看低自己的价值，将错过更进一步的机会，最终被机会抛弃。

因此，在你迈向成功的旅程中，随时随地知道自己的现状是十分重要的。

重新认识你自己

哈佛大学一直都是世界众多学子心目中的求学圣地，能进入哈佛大学的学生毕竟是凤毛麟角。然而这个世界上，总有一些学生不能够看清自己的现状，总是对他人品头论足，说得头头是道，但他们的目光，永远无法聚焦在自己的身上。

哈佛大学的教授们总是善意地提醒学生们："当你制定自己的学习目标时，你要先知道你的现状。因为只有看清楚自己的现状，才能找到最适合你的目标。"

有这样一个年轻人，大学毕业后不甘心为别人打工，于是创立了自己的公司。第一年，公司凭借独特的市场定位，幸运地占据了先机。面对着成功的开始，年轻人有些被冲昏了头脑，没有静下心来认真分析公司的现状，反而马不停蹄地加大投资，招兵买马。但好景不长，公司市场前景的看好，招致了其他大型公司的积极跟进。在技术和资金的比拼中，年轻人的公司一败涂地，最终以倒闭惨淡收场。

本是一个难能可贵的完美开局，却因为对自身现状的判断失误，导致了决策错误。而错误的决策一旦实施，更正的代价就会更大。如果这名年轻人能够保持冷静，看清楚现状再制定发展策略，他也不至于有这样的结局。

人生在不断变化，下一刻的你和现在的你会有细微的不同，随着你的学识、见识、眼光和能力等的提升，过去所定下的计划很可能已经不再适合现在的你。学会重新认识自己，在做出关于自己的任何决定之前，都要先了解自己的现状，并做出最适合自己的判断。这样，你才能在成功的道路上越走越稳。

自知者智于人

自我认识不仅仅需要认识到自己的长处，更重要的是要认识到自己的缺点。在生活中的很多事情上，你可能会认为其他人犯了错。可能某一天你才会突然意识到，原来当时自己才是出错的一方。顶级学府的教授们会提醒学生："当你认为全世界都在犯错的时候，其实犯错的几乎只是你自己。"

金无足赤，人无完人。这个世界上不可能存在十全十美的人，人也不可能让自己不犯错。犯错不可怕，可怕的是不知道自己犯了错。

在顶级学府，在学生犯错误的时候，老师不会过多地批评和指责，而是引导学生去发现自己的错误，正视自己的错误，并承担和改正错误。

自知者才能智于人。正确地评价自己，不为自己的优点而沾沾自喜，不因自己的缺陷而郁郁寡欢，这样的你，也就比其他人拥有了更多的优势，才能真正地智于他人。

把握现在，展望未来

重新认识自己，只是第一步；能够正视自己的优缺点是第二步；第三步，你需要根据自己的优缺点，不断地调整自己，最终，让自己能够有机会触摸到更好的未来。

顶级学府的教授们常常善意地提醒学生，过去没有任何的意义，未来遥不可及，你真正需要看清楚的，只有现在，唯有把握住现在，才有未来。

真正的智者，会去检查过去，把握现在，规划未来；愚蠢的人，只会哀叹过去，挥霍现在，梦想未来。年轻的朋友，当你重新认识了自己后，又有什么理由不去更好地把握现在呢？

年轻没有失败，年轻没有什么不可以。从现在开始，认识自己，改变自己。把握现在，才能在未来叱咤风云；把握现在，才能充实梦想中的未来。

把握现在，展望未来，你的天空将会一片湛蓝。

真正的差距，往往是不起眼的细节

这个世界上，哪怕是沿着同样的道路，最终能够成功的人也永远只是少数，大多数都成了失败者，倒在了半路上。

那么，成功者之所以成功的原因是什么呢？是远超出旁人的智商？是远胜于旁人的努力？不，那些失败者中，有人比成功者更聪慧，也有人比成功者更努力。那究竟是什么决定成功与否呢？

是细节，真正的差距，往往在那些不起眼的地方。

成功和失败，到底离多远

胜利者站在镁光灯下，接受万众瞩目的那一刻，你看到的只是他们表面的光鲜。

失败者无神的双眼和低垂的头颅，最为落魄不堪的那一瞬间，其实你看到的只是他们最终的苦果。

在世人眼中，成功和失败恍若隔着无尽的距离，一边是高高在上，一边是跌落尘埃。但你真的认为，这就是成功与失败之间的距离吗？

作为全世界最为畅销的一款饮料，可口可乐的成分中，99%是由水、糖分、碳酸和咖啡因构成。这些成分，世界上的其他大多数饮料中也都含有，唯有其中1%的成分，只有可口可乐自己独有，你不可能在任何其他饮料中发现。正是这1%的成分区别，让可口可乐能够经久不衰。据说这个神秘的1%，每年给可口可乐带来高额的利润。

成功与失败的距离，很多时候就不过是这区区的1%。

有两家店铺，分别在路边开设了一个早点摊子，主打包子和油茶。第一家店的老板，在顾客点油茶时，总是会问："您加鸡蛋还是不加鸡蛋？"第二家店的老板，问的却是："您是加一个鸡蛋还是加两个鸡蛋？"第一家店的顾客，会有一半选择不加蛋，而第二家店的顾客们总是会在老板的问题问过后，至少会加一个蛋。一句话的差别，导致了第二家店总是能够卖出更多的鸡蛋，也就有了更多的利润。成功和失败的距离，并不像你想象的那么遥远，可能只是一点点的不同，就决定了两种不同的命运。

警惕不起眼的蚁穴

古人曾经说过："千里之堤，溃于蚁穴。"相比于千里大堤的宏伟壮阔，那些不起眼的蚂蚁洞穴，又能有何影响？可就是这些不起眼的蚂蚁洞穴，会在不经意间，导致千里之堤的崩溃。

1986年1月28日，一个被全世界航天界所铭记的日子。在这一天，大名鼎鼎的美国"挑战者"号航天飞机，在起飞升空后，仅仅过了73秒的时间，便突然爆炸解体。飞机上的七名宇航员无一幸免，全部遇难，这也是人类航空史上最为黑暗的一天。

后来，通过飞机残骸中的系统记录仪，找到了飞机爆炸的罪魁祸首。出乎所有人的意料，元凶竟然只是飞机右侧的火箭推进器上的一个小小的O型密封圈。正是因为这个密封圈的失效，导致了一系列的连锁反应，最终酿成了这场惨剧。

　　对于整个航天飞机来说，一个小小的密封圈，就如同堤岸上的一个不起眼的蚁穴。可就是这么一个不起眼的小东西，却导致了一场惨痛的事故。

　　生活中的你所经历的一些事情，在别人眼中可能都不是什么大事，但这些小事恰恰构成了你的人生。某一个细节的疏忽，对于你来说可能只是一瞬间的惋惜。但一个接一个细节的疏忽，就会在你人生的堤坝上，蛀出一个又一个的蚁穴，试想，这样的人生怎能经得起风浪？只有认真地对待身边的每一件小事，注重每一个细节，才能铸就自己人生的辉煌。

上路前，多整理下行装吧

　　生活中，你可能会有旅行的经历。出发之前，你需要做好充足的准备：带齐证件，带足现金，带好必需的日用品，准备好足够更换的衣服，更为细心的人还会带上应急的药品，以及自我保护的工具。

　　听上去，好像这么详尽的准备工作浪费了你的大量时间，耽误了你的行程。那么，如果我们从中减去一些会发生什么情况呢：减去证件，那你将为旅馆的登记发愁；少带现金，可能你将无法应对发生的突发状况；少带衣服或是日用品，那更是大大地影响了旅途的心情愉悦。

　　一次简单的旅行，就需要做出这么充分的准备，少了任何一样，都可能对旅途产生很大的影响。

　　那么你的人生旅途呢？现实中的旅途，即使这次并不满意，那下次还可以重来。人生的旅途是一条无法回头的路，即使你错过了很多，你也只能不停地往前走。当错误已经铸成，当遗憾已经发生，此时懊恼已经于事无补。与其在问题发生后暗自悔恨，不如在事情开始前，做好充足的准备。

　　人生的道路很长，你需要尽快上路，但不论你有多着急，请在上路前，多整理下行装吧。你准备得越充分，你的旅途就会越顺利。

对人生的定位与自我的定位

当踏上人生的道路时，我们不可能从一开始就预料到自己能够跑多远。与其问你能跑多远，不如问问自己的志向。你能走多远，取决于你的思想有多远。

这个世上的很多失败者，他们的失败并不是因为自己的素质不够优秀，也不是因为自己的心态不够好，更不是因为他们的能力不够强。真正的原因，是因为他们缺乏一个适合自己的好目标，也就缺乏了最关键的一种成功的动力。

人生要有好的定位

就全世界的教育体系而言，哈佛大学的教育无疑是成功的，因为哈佛大学把自己定位于精英教育模式，所以培养出来的学生也必定是精英，少部分更是精英中的精英。

哈佛用精英教育的定位成就了无数学子，一个人也必须要用好的定位来成就自己。好的定位首先必须有一个切实可行的目标，而不能是虚无缥缈的幻想。这个定位必须要适合自己，就如同鞋子和衣服，别人的衣服再漂亮美观，也不见得适合你的身材，鞋子合不合脚，也只有自己才知道。人生定位也是如此，是否适合自己也只有你自己才能知道。

达尔文曾被父母送进神学院求学，但年轻的达尔文对生物学的兴趣远远大于神学。因此，他花了五年时间乘船环球航行，观察不同地方的动植物特征及地质气候条件，搜集种种样本和化石，将结果进行分析整理，最终写下了《物种起源》这本传世名著，书中的进化论观点，也让他名垂千古。

达尔文的成功，是他能够把兴趣和人生目标变成了一个整体，有了这样的自我定位，他的行动就有了不竭的动力。你需要做的就是像达尔文一样，找到适合自己的目标，并为之不懈地努力。

怎样自我定位

每个人都要做出适合自己的自我定位，那么，怎么自我定位呢？

首先，你的定位一定要正确。你必须清楚自己所具备的能力，看清自己所处的位置，并且学会换位思考，能够站在其他人的角度和立场，来客观地看待自己。只有做到了这些，你的定位才正确，这样你的人生就可以在正确的定位下，沿着成功的道路一直走下去。

其次，你的定位必须要十分明确。只有明确的定位才具有更大的可行性，如果你只是做出一个笼统的定位，不去思考如何去具体地执行，那么你的定位也就失去了意义。

有些人没有远大的抱负与志向，对任何事情都是满不在乎的态度，这样的人是无法对自己做出明确的定位的。他们就如同河面上的浮萍，只能够随着水流一路往下游走，永远不可能有机会看到上游的秀丽风光。

准确的定位，让你能够走得更远；明确的定位，让你拥有更大的可执行性，让你走得更好，二者兼备，才是最适合自己的自我定位。那么，现在试着去给自己定位吧。

拥有执行力

再好的定位，再清晰的目标，没有了执行那也都只是幻想。拥有良好而坚定的执行力，对于一个人而言尤为重要。

为了能够更好地执行，首先，你应该先对自己做出合适的定位，并设定一个长远的目标；然后把这个长远的目标进行分解。如果你已经设定了整个人生的目标，那么你需要知道，自己 20 年内要达成什么样的目标，自己十年内需要达到什么样的目标，五年内需要达到的目标，一直继续细化下去，细化到每一年的目标，每一个月的目标，甚至每一周、每一天，将目标逐级细分下去，让自己的每一个细小的时间段，都有要完成的目标。你需要经常地查看和反思，围绕着你的这些目标努力奋斗，并对未完成的目标进行分析，不断地调整自己的目标。坚持下去，有一天，你会发现自己距离成功已经是触手可及。

你有了定位，也有了对目标的细分，下面需要做的，就是坚定地执行下去。很多人能做到给自己定下一个长远的人生目标，也能够做出详细的规划。在别人眼中，这些目标和规划都是切实可行的，可时间久了，这些人却离自己的目标越来越远，正是因为他们没有按照自己的目标去执行。

即便你的目标已经很明确，可人生之中充满诱惑和干扰，它们在不停地试图让你偏离自己的路线，远离设定好的目标。失败的人总能给自己找出无数的理由，其实都可以归结于没有坚定的执行力。

想要成功，就让自己的执行力再坚定一些，让自己的付出更多一点。只有定位好自己，找到合适的目标，并且用坚定的执行力去为之付出一生的努力，才能在最后敲开成功的大门。

不要轻易地否定自己

生活总是充满挑战，也不可避免地会有困境出现。当你处于人生的逆境时，如果能够拥有自信，那将是你最为可贵的一个特质。

充满自信的人从不会消极和沮丧。自信的人把遇到的问题当作挑战，当作难得的锻炼机会，当作提升自己的契机。当你遇到困境时，没有人能够否定你，关键在于你一定不要自我否定。

自卑是失败的前奏

当一个人经常习惯性地否定自己，认为都是自己的错，或者自己的能力不足以支撑自己的目标，就会产生一种自我贬低的情绪，这也就是所谓的自卑。

自卑给人带来许多负面个性特征，会使得一个人丧失自己的勇气和锐气，变得不敢展现自己，最终导致用一种消极的态度去应对学习和工作，变得不思进取。

俗话说："有长就会有短，有明也必然有暗。"一首词中也说道："人有悲欢离合，月有阴晴圆缺。"没有人会一帆风顺遇不到任何挫折，也没有人只有缺点而找不到一点长处。每一种事物，每一个人，都会有自己的优势，也都有存在的价值。

当一个人沉浸在自卑的情绪中时，他会找出诸多的理由去夸大自己的缺点，去放大自己所遇到的困难。当你由于自卑而产生焦虑时，你的注意力也会分散在那些旁枝末节的地方，从而导致了失败的到来。这就是自卑的情绪所造成的恶性循环。

人都会有自卑的一面，自卑不可怕，可怕的是无法战胜自卑。当你自己都否定自己时，你也就堵死了自己成功的道路。

自信是成功的秘诀

如果说自卑是失败的助推器，那么自信就是成功的发动机。

成功的道路上必然不可能一帆风顺，自信的人，会客观地看待困难，冷静地分析解决问题，通过克服困难的过程和体验，使自己的能力得到提升，同时也增强了自己的信心。

一个充满自信的人，他的心态是阳光的和积极向上的，会有种种积极的、正面的变化。一个人总会在某些方面与他人有些差距，但自信的人，不会被这些差距吓倒，他会不断地积极改正自己，用自信的心态去取长补短。时间久了，自信的人将会拥有越来越多的优点，也拥有了一套成熟的自我提升机制，就能够让自己的前进动力越来越足，走得越来越快。

由于自信带来的积极心态，自信的人会对自己的能力和潜力保持长久的肯定。所以，自信的人敢于展示自己，敢于讲出自己的想法和意见，并善于从其他人的想法中获得新的知识和灵感。自信的人能够更好地融入身边的环境和集体中，不仅提升自己，还能够带动他人一起提升。

当一个人长久地处于自信的心态中时，他就能够拥有无数坚定的理由去肯定自己，去坚持自己的信念。当你因为自信而充满激情时，那些困难更容易被你克服。战胜困难又带来信心和能力的提升，由此，自信的态度在你身上形成了一个良性的循环。

人都有不足，也会犯错误，这都不是问题，只要你拥有自信，总能找到前进的方向。拥有自信，就是你成功的秘诀。

绝不否定自己

顶级学府的教授们会这样教导学生：你要展示出自己的自信，并学会使用自信去装点自己的人生，这样你才算懂得了怎样经营人生。人生中最大的失败，就是你被自己所打败，如果你不否定自己，不因为失败而自卑，那你就永远没有真正的失败。

在生活中常常有人因为怀疑自己的能力，白白错失了发展机会。这就是不自信的一种表现。自信的人，不论遇到多么激烈的竞争，面临如何严峻的形势，都不会去否定自己，不会去怀疑自己。

人的潜能是你自己无法想象的，但是只有通过自信才能够激发。只要你不否定自己，拥有自信，那么你所遇到的那些坎坷，将会成为激发潜能的契机。

人生的道路是蜿蜒曲折的，只有充满自信的人才能到达终点，品尝到成功的喜悦。相反地，如果一个人不断地自我怀疑、自我否定，那他只能够眼睁睁地看着成功离自己越来越远。

面对一时的失败，不要妄自菲薄，你需要做的是去积极地分析原因，找出问题所在，然后解决它，继续前行。

不论何时，都请你记住，永远不要否定自己，你的人生道路，只有你自己才是命运的主宰。保持一颗永不放弃的内心，成功之路在你脚下，带着自信前进吧！

差生不是结局

25 岁，考上哈佛商学院 MBA；28 岁，担任联想集团总裁助理……如此光辉的一份履历，你能把它与小学留级、中学倒着数的"差生"联系在一起吗？看似不可能的经历，却是于智博的真实人生。是什么让他完成了这样的乾坤大挪移，实现了人生的大逆转？后发而起的能量又来自于哪里？让于智博用自己的亲身奋斗历程来告诉你。

找到自己的信心来源

于智博入小学时还不满六岁，由于年龄小，于智博每天想的都是和小伙伴们多玩一会儿，就连上课时都沉浸在游戏的想象中。小学四年级，他转学到了成都，却因为学校入学考试成绩不佳，被迫留级。

虽然成绩不是很理想，可年幼的于智博却迷上了体育运动，并在小学的体育班中度过了一段对他来说最快乐的时光。

到了中学，学习的压力突然增大，曾经有一次，排名全班倒数第三，而数理化更是倒数第一。学习的落后，让于智博越发自卑，不禁抱怨老天的不公，别人都是如此聪明，却把他生成了一个蠢材。

学习的落后，让于智博更加迷恋操场，只有在那里，他才能忘却烦恼，找回自信。当时的于智博，入选了学校田径队的主力，在田径场上的训练，不仅锻炼了他的意志和拼搏精神，而更为关键的，则是他在运动场上磨炼了永不放弃的意志，树立起了必胜的信心。

通过在体育运动项目上的优秀表现，于智博重新找到了自己的信心。在他看来，既然自己能够在赛场上战胜对手，那么也一样能够在考场上战胜他人。有了信心后，一切自然就变得水到渠成，于智博重新找到了自己学习的动力，而信心也让他在日后的生活中受益匪浅。

磨炼独立自主的品格

1998 年的夏天，于智博孤身踏上了美国的土地，并成为俄勒冈州中部密歇尔高中的一名普通毕业班学生，也是班上唯一的一名留学生。

在全俄勒冈州的所有高中里，密歇尔高中是规模最小的一所，全校只有五十多名学生。但幸运的是，在美国教育体制中，每个学生都是独特而不可取代的，都有自己的优点，而密歇尔高中的老师们也继承了这一优秀的教育理念，这里的每一名学生，都被所有老师尊重并且鼓励。

于智博对此也有了很深的感触。正是在那时，他才意识到，原来自己也是独特的、与众不同的一个人，只要能发挥出自己的潜能，把自己的特长最大化地提升并展现出来，那就是自己最大的成功。于是，第一次离开家的于智博，给自己设定了一个目标，那就是完成学业并按时毕业，同时申请到一所大学。

明确了目标后，于智博又遇到了新的困难。除了生活的不适应，他还面临着语言关的难题。为了突破自己的语言难关，于智博抓住一切可能的机会，多和身边的美国同学交流。在与同学的交流过程中，于智博发现自己的英语水平有了突飞猛进的提升，除此之外，他还对美国的文化有了更多的了解，这也为他更好地融入美国的生活打下了良好的基础。

独自在异国求学的生活必然充满了艰辛和苦难，于智博没有被这些困难打倒，反而磨炼出了独立自主的可贵品格，也正是这样的品格，让他成功地渡过了难关，最终在美国站稳了脚跟，成功敲开了东俄勒冈大学的校门。

自我规划，不断奋斗

东俄勒冈大学是一所十分普通的大学，对于智博最大的吸引力就是，这是他知道的最便宜的一所大学。他认为，不能只冲着名气去选择，必须选一所适合自己的大学。事实证明，他的选择是正确的。因为学费的低廉，学校吸引了各国的学生，让于智博有机会接触到多元的文化环境，也提升了自己的信心。

在东俄勒冈大学，于智博不仅从书本上学到了不少知识，也学到了很多课堂外的知识。逐渐成长的他，给自己定下了人生的下一个目标，他要转学去更好的大学。通过查阅资料，反复权衡，他转学到了知名度更高的密歇根州立大学。这次转学，为他奠定了更好的专业基础，也对他日后步入社会产生了重要的影响。

于智博一直坚信，机会不会自己敲门，你必须先踏踏实实地做好所有准备工作，才能在机会降临时牢牢地抓住它。

在美国留学的五年半时间里，于智博走访了不同的城市，了解多种不同的行业。在大学生活中，他没有一刻停止过对自己的规划。在他看来，只有尽早地去规划未来，才能清晰地确定奋斗目标，才能在有限的时间内做出尽可能合理的安排。

合理的规划带给于智博更明确的目标，他不仅在校期间应聘了世界五百强企业之一的惠而浦公司的实习岗位，并在毕业后顺利地进入戴尔公司的总部工作。再后来，他成功考入哈佛大学商学院，放弃了花旗银行优厚的待遇，加入联想集团担任总裁助理。这一步步走来，都是于智博不断地自我规划、不断地奋斗的历程。

于智博用自己的故事告诉所有人，差生并不是结局，只是你另一种人生的开始，相信自己，每个差生也都能实现自己的乾坤大挪移。

培养综合素质

在哈佛大学中，来自中国的学子越来越多。这些学子，通常被国内视作学习上的佼佼者、个人能力出类拔萃的精英。他们也是国内亿万学子们心目中的偶像。而"哈佛女孩"刘亦婷，是这些来自东方的哈佛学子中，最早为大家所熟知的一名。

十几年前，一本书横空出世，迅速在国内火热销售，书的名字就叫《哈佛女孩刘亦婷》。书中详尽地介绍了哈佛女孩刘亦婷的成长经历，在高考的前几天，刘亦婷同时接到了四所世界顶级院校的录取通知书。最终，刘亦婷选择了哈佛大学，并得到了每年三万美元的奖学金，成为万千中国学子瞩目的焦点和模仿的对象。

刘亦婷为什么能够进入哈佛？她的身上究竟是什么特质吸引了如此多世界顶级院校的青睐？她又是如何培养自己的素质和能力的呢？

责任感和独立性

在接到哈佛录取通知书之前，刘亦婷只是成都外语学校的一名普通高三学生。和全国的所有高三学生一样，她每天都在高考前复习生活中紧张忙碌着。

刘亦婷的父母也只是万千普通中国知识分子中的一员。不过与一些家庭有所不同的是，从刘亦婷很小的时候，她的父母就更着重于对她进行身体素质和人格的培养。在她三岁时，父母就教导刘亦婷做一些简单的家务劳动，也正是因此，七岁时的她就已经可以独自做一些简单的菜肴。虽然只是一些普通的家务，但通过这些细节的培养，刘亦婷早早地具备了生活能力，也拥有更大的独立性。

除了家务劳动之外，刘亦婷的父母也时常鼓励她多多参与其他的课外活动，尤其是一些十分有意义的社会活动。小小年纪的刘亦婷就已经参加过多次的业余体育竞赛以及其他的一些公益性活动。也正是这种开放式的教育态度，年幼的刘亦婷获得了参演一部电视剧的机会，在剧中，她成功地饰演了市长女儿这个角色。通过一系列的活动，刘亦婷不仅获得了难得的人生体验，也增强了自信心。

这些看似与学习无关的活动，极大地丰富了刘亦婷的生活，也正是通过这些特别的生活体验，刘亦婷从很小的时候，就有了足够的责任感，并且十分注意保持自己的独立性，不会轻易地被外物影响。这就是刘亦婷成功的第一阶段。

主动性和创新精神

哈佛大学有句名言："人类的进步，基于对未知的渴望和主动探索的精神。"在刘亦婷的身上，从不缺少主动性。

刘亦婷的班主任回忆说，在中学时，她就是一个在学习上充满主动性的学生。在学校中的每一分每一秒，刘亦婷都不会放过学习知识的机会，总是如饥似渴学个不停。一次国庆假期，她仅仅只在家里休息了一天的时间，就再次回到学校继续学习，老师们问她为什么不多休息几天，刘亦婷回答道，因为她觉得在家里闲着无所事事，浪费时间，而学校里的环境比较安静，不会像家中一样有很多东西会影响她的专心学习。

刘亦婷并不是一个只会死读书的女孩。在中学期间，她依旧保持着积极参加各种活动的习惯：在学校的400米田径比赛中，她曾经获得过冠军；在学校的英语话剧社中，她是当之无愧的"台柱子"。

刘亦婷对于这些课堂之外的活动有她自己独到的看法，她认为，学习不只是在书本中，在从书本中学习知识的同时，还需要有创新精神，而创新精神，就可以通过这些课本以外的活动去启发灵感、拓宽思想。

主动学习，富有创新精神，对任何事情都保持积极的态度和学习的兴趣。这是刘亦婷成功的第二个阶段。

动手能力和团队精神

哈佛大学在录取新生的过程中，拥有着自己独特的眼光。成绩确实重要，但是除了品学兼优以外，想要进入哈佛的学生还必须要有很强的动手能力，要有足够的团队精神，这样才能被哈佛所认可。

可能很多人并不知道，在哈佛大学每年的新生招收时，都会有约2/3 的"状元"考生被无情地拒之门外。对于这些成绩出类拔萃的学生而言，被拒绝的原因就是他们除了让人艳羡的考试分数，几乎不具备其他任何可以展示的能力。

哈佛选的是未来的社会精英，而不是只懂得埋头书本的天才。

刘亦婷正是哈佛眼中未来的社会精英。通过父母对她全面的培养，也通过她对自身素质的不断完善，她的动手能力和团队精神就是在成绩之外的闪光点。用当年的哈佛招生人员的话来说，哈佛选择刘亦婷，首先，因为她拥有较为优秀的学习成绩，并且具备严谨的学习态度；其次，她的动手能力和团队精神给了哈佛招生人员很深的印象，这代表着她将能够很容易地提升自己的社会实践能力和人际交往能力；最后，哈佛的考官们也被刘亦婷独特的个人魅力打动，她的勇敢和真诚、她的幽默和热情，都为敲开哈佛的大门提供了力量。

刘亦婷的这些品质，很多都是被过去的家长们所忽视的，正是这些优秀素质和综合能力，让刘亦婷创造了自己的人生奇迹。看过刘亦婷的故事，相信只要青少年朋友们能够更加注重自己的综合能力素质的培养，哈佛大学离你也并不遥远。

欠缺的不是潜力，而是自我挖掘的精神

当一个人无法取得成功时，并不是因为他没有目标、没有梦想、没有自信，而是因为他并不知道自己的潜力到底会有多大。我们或许无法成为巨人，但我们的潜力足以让自己成为被仰视的人。

有一位哈佛教授，总是给自己的学生们推荐电影《阿甘正传》，虽然影片中的情节充满了戏剧性，但无疑也能让所有人感到震撼。影片中的阿甘，正是因为不断地挖掘自己的潜能，才能创造出一个又一个的奇迹。对于每一个普通人来说，欠缺的并不是潜力，而是一种自我挖掘的精神。

每个人都有无限的潜能

人是一种很奇怪的生物，或许平日里你会一无是处，但是危急关头，往往能爆发出惊人的力量。一位手无缚鸡之力的普通母亲，当她发现自己的孩子从高处跌落时，瞬间爆发出打破世界纪录的短跑速度，从远处冲到近前，用双手托住超出人体力量极限的下坠冲击力，最终保住自己孩子的生命。这就是人身体中的潜能。

每个人的身体里，都存在着无限的潜能。潜能与年龄和智力无关，与出身和成长环境无关，它储存在你的身体内部，只要你愿意付出努力去开发，在任何的年龄段，在任何的环境下，它都能够迸发出足够的力量，帮助你取得奇迹般的成功。

曾经的哈佛学子爱默生曾经说过："每个人身上蕴藏的潜力都是无穷无尽的。他能胜任什么事情，别人不可能有办法知晓，若是他不去动手尝试，那么他对自己的这种能力就会一直蒙昧不察。"为此，他进一步强调说："一个人应当更多地注意和观察自己的心灵深处那一闪而逝的火花，不要仅限于仰视诗人和圣者头上的光芒。"所以，无论你是成绩优秀，抑或是学业一般，只要你始终相信自己，相信自己的巨大潜能，并不断地挖掘它，那么你就成功了一半。

不要忽视体内的金矿

哈佛的心理学曾提供过一组客观的数据，从这组数据中，人们惊异地发现，这个世界上的绝大多数人，其实只是用到了自己潜藏的能力的10%。换句话说，每个人身上都存在着一座无比巨大的潜能金矿，等待着你去挖掘、去开垦。

著名的苏联学者、作家伊凡·叶夫利莫夫曾经说过："有朝一日，一旦科学技术的发展，能够更加深入更加透彻地了解人类的大脑构造和功能，人类将会被储存在自己大脑内的巨大潜力所震惊。正常的人在平常只不过发挥了极小的一部分大脑功能，如果一个人能够开发出自己一半左右的大脑功能，那么他将能够十分轻易地学会四十余种语言，背诵整套百科全书，并且拿到 12 个博士学位。"

顶级学府的学子们都明白，每个人都是一座具有潜能的金矿，在内心深处都拥有着强大的力量，它始终在等待着人们去挖掘。这种价值一旦被成功地开发出来，就能够带给人无尽的力量和信心。多给自己肯定，多一些自信，这样你才能够更有机会挖掘出自己的潜在价值，让自己变得更为优秀。

挖掘你的潜能

每一个孩子从出生开始，就会携带有自己的遗传基因，也同样会带来基因决定的天赋潜能。如何鉴别孩子会具有何种潜能呢？美国康涅狄州耶鲁大学有一位博士，名叫罗伯特·斯滕伯格，他致力于研究一种"多方面"的潜能测试，通过这种测试来考验一个人的各方面的潜能。你也不妨来测试一下自己。

如果你善于记忆诗歌和电视节目中的台词，如果你总是能发觉别人改动了曾讲过的故事中的一个词语；如果你很会讲故事，那么，你很可能具有语言的潜能。

如果你经常思考一件事是从什么时候开始的，如果你经常疑问于雷鸣、闪电、下雨等宇宙间的问题，如果你喜欢按照规格和颜色来收藏自己的玩具，那么，你很可能具有逻辑思维的潜能。

如果你动作协调优雅，如果你能很早地学会系鞋带、很快地学会骑自行车，如果你擅长模仿各种表情和各种体育动作，那么，你很可能具有运动潜能。

如果你能注意到其他人的情绪的各种变化，如果你喜欢角色扮演，编故事，而且演的和编的都蛮像样，如果与陌生人的见面会让你觉得他很像自己认识的另一个人，那么，你很可能具有观察领悟潜能。

如果你很少迷路，如果乘车的时候总是能够发现自己是否曾经来过这个地方，如果你擅长画地图、画物体，那么，你很可能具有创造想象的潜能。

这些都是通过直观的方法，来确认自己是否具有部分天赋潜能，可以起到一定的参考作用。最终，你的潜能还是要靠自己去挖掘，只要有足够的自信，并努力地挖掘，总有一天，你会发现自己的潜能。

别早早扼杀学习的兴趣

学习，永远是一件没有尽头的事。中国的古话也说过："活到老，学到老。"学习更应该讲究方法，只有用兴趣作为引导的学习，才能真正拥有不竭的前进动力，而盲目地埋头死学，虽能带来一时的效率和成绩的提高，但却容易过早地扼杀了一个孩子对于学习的真正兴趣。

在学习的过程中，兴趣应该占据主导，永远比死学更为重要。

莫要填鸭式教育

所谓填鸭式教育，从字面意思就可以看出，它是指一味地把知识强行地灌输给学生，就如同给鸭子填食，看似鸭子吃得很饱，最终不合理的填食只能够造就出一只虚胖的病鸭。

填鸭式教育确实可以在很短的时间内，尽可能多地教给学生考试所需要的知识，但它的缺陷同样明显，那就在于其局限性。由于老师们只是简单地把课本上的知识和思想灌输给了学生，所以学生们的想象力也同时被禁锢了，大家就如同工厂流水线中加工出的零件，每一个都一模一样，完全没有了自己的个性和特点。

或许一个人无力改变现有的教育局面，但要正确地认识到应试教育的弊端，在心中让自己惊醒，虽然课堂上的你无力反抗这样的教育，但你接受知识的同时，不要变得麻木，要让自己的脑袋充分地运转起来，用积极的心态去接受这些知识，而不要被动地接受。而课后，更是要多多地涉猎不同的知识，用自己的积极努力和主动学习，去战胜填鸭式教育的带来的弊端。

用兴趣引导学习

灌输式的教育就如同给树木浇水，你只把水浇在了树叶上，却无法让根部吸收。正确的教育方式应该首先唤起学生对某方面的兴趣，然后再根据他的兴趣点，进行有针对性的恰到好处的教育。

在顶级学府的精英教育模式中，他们并不鼓励系统性的知识教育，也不会把所有的知识人为地划分出不同的学科。他们鼓励的是通过兴趣对孩子进行教育，例如，在与孩子散步时，碰到他感兴趣的动植物，就可以顺势教给他相应的知识，这样当他以后遇到与此有关的事物时，就会更主动地去理解知识，而不是被动地接受。

要唤醒自己的兴趣，需要先搞清楚哪些信息可以使人产生兴趣。一般来说，新鲜的刺激比起重复的刺激，更容易让人产生兴奋，所以在学习时，要不断地提出新问题，不断地展现出问题的不同方面，这样会使自己不断感受到新鲜的刺激，从而更容易产生兴趣。

其次，生动形象的东西比平淡而抽象的东西更有趣。当遇到平淡无味的学习内容时，不妨把它和生动活泼的学习形式结合，更能提高学习兴趣。

真实的东西远比虚幻的东西更有趣。当你自己能够在日常的生活中灵活用到某些知识时，你就会对这些知识的学习产生更大的兴趣。

不要去学习超过自己知识水平的内容，这样你会由于过分的吃力和紧张，过早地感觉到疲倦，就很难激发出你的兴趣，应该掌握学习的难度，保持自己处于一个可接受的程度。

学习不应该是一件让你感到痛苦的事情，学会去激发出自己的兴趣，然后用兴趣引导自己的学习，你就会发现，原来学习也可以很有趣。

不要干涉孩子的兴趣

随着社会竞争的日趋激烈，生活压力日益增大，为了让孩子拥有更全面的能力，为了让孩子不输在起跑线上，很多父母给孩子安排大量的兴趣班、学习班。

但是很多父母会代替孩子决定他的兴趣，尤其是一些父母还试图把孩子的兴趣朝考试、升学的方面去引导，盲目地攀比和跟风。对于他们认为对孩子没有用的一些兴趣，则会一味地打压禁止。

俗话说得好："兴趣是人最好的老师。"当孩子在做自己感兴趣的事情时，往往能够全力以赴，而不需要别人的催促；当他在做不感兴趣的事情时，必然不会全身心投入。

父母不应该干涉孩子的兴趣，过多的干涉会使孩子对自己的真正兴趣产生怀疑，进而对自己的眼光和判断力产生怀疑，变得失去自信。

除此之外，如果父母过分地干预孩子的兴趣，不听孩子的解释，这样不仅满足不了孩子对自己兴趣学习的需要，还会让孩子感到不被父母所理解，加重逆反心理，对成长十分不利。

在如今这么一个多姿多彩的世界中，人的个性和兴趣应该得到充分的发展。所以作为父母，要尊重和理解孩子的兴趣爱好，多从积极的方面去做正确的引导，而不是盲目地禁止和拒绝。或许孩子的兴趣和实际想法会有些差距，但只要这种兴趣是正当的，是积极向上的，父母就应该尊重孩子。因为只有当他真正在做自己喜欢的事情时，才能做到专注，潜能也才能够得到更好的发挥，更好地锻炼出持之以恒的品质。

兴趣是最好的老师，作为家长，不能对孩子的所有兴趣都听之任之，也不能简单粗暴地干涉孩子的兴趣，只有做出科学的引导，才能让孩子学习得更加快乐，将来也才能取得成就。

别怕！成功的门都是虚掩的

当你面对着一个看似不可能实现的目标时，你是否会在心里对自己说："天啊，这太难了，我肯定是做不到的。"许多人都会这么对自己说。但事实上，如果你回过头去看看自己曾走过的路，你会惊奇地发现，那些看似无法解决的困难，都在不知不觉中被自己战胜了。

许多困难和挑战都没有你想象的那么可怕，很多时候，成功的门只不过是虚掩着，你需要做的只是推开那扇门。

跨过内心那道坎儿

哈佛大学的心理学专家曾经做过一个很有趣的测试，在测试中发现，当一个人需要去做某件事情之前，他总是会先对自己做一种心理暗示。

举一个简单的例子，如果在你面前的地上，放置着一块足够结实的木板，木板长 10 米、宽 0.6 米。此时要求你沿着木板从这一头走到另一头，相信每个人都能够十分轻松地完成这个任务。如果换一个环境，仍然是同样的一块木板，但是从地上转移到了两座悬崖中间，木板变成了空中的一座独木桥。此时的你还能像刚才那样成功地走过去吗？

　　同样的木板，因为所处环境的不同，却产生了不同的结果。第二种情况中，木板并不会折断，也足够宽阔，但因为木板下面就是万丈的深渊，很多人就会在内心中对自己有一个心理暗示：木板很可能会断，我很可能会掉下去，这太危险了。

　　在这样的心理暗示下，人就会感觉到恐惧，觉得自己真的会掉下去，虽然这种事情并没有发生，但在恐惧的心理作用下，想成功地走过木板，就变成了一件无比艰难的事情。

　　事实上，在这个世界上有许多看似无法克服的困难，只要你能战胜自己内心的恐惧，勇敢地冲过去，就能够成功地跨过那道坎儿。

　　数十年前，医学界的权威们曾断言，人类的肌肉纤维结构决定了人类无法突破百米短跑的 10 秒界线。但是在 1968 年的奥运会上，美国短跑名将海因思却跑出了 9.95 秒的新世界纪录，撞线后的那一刻，他动情地说："上帝啊，原来成功的那扇门是虚掩的！"

　　海因思的话道出了这个十分重要的道理，这个世上有无数成功的门都是虚掩着的，关键在于你是否能够跨过自己内心的那道坎儿。

具有勇气和不懈的努力

　　虽然成功的门大多都是虚掩着的，但想要推开这扇门也不是那么轻而易举的事情，也并非任何人都可以打开。

　　想要推开成功这扇虚掩的大门，你首先要具备无畏的勇气，要能够敢于冒风险，勇于打破常规。许多成功的门之所以紧闭，其实并不是你无法推开，而是你根本没有想到要去推开。

　　"物体掉落速度与自身的重量成正比"，这是古希腊的哲学家亚里士多德提出的一条定律，几千年内都无人质疑，唯有当时年轻的伽利略，敢于提出自己的疑问，并进行了举世闻名的比萨斜塔实验。最终，勇气和胆识帮助伽利略推开了这扇虚掩着的大门。而那些被困难吓倒，没有勇气去冲破禁区，只知道墨守成规的人，是永远无法推开虚掩的大门的。

　　除了无畏的勇气之外，想要推开成功这扇虚掩的大门，你还要付出不懈的努力。海因思推开人类的百米 10 秒大门只用了一瞬间，但是这么一瞬间的突破，背后却是他数年如一日的艰苦训练。每天，海因思都会坚持用自己最快的速度，奋力跑完 50 公里的训练里程。正是通过这远比其他运动员大的训练量，海因思才最终推开了成功的大门。

成功靠的不是一两次的偶然和运气，你需要具有勇气，敢于去推开那扇虚掩的大门，还需要保持不懈的努力，让你逐渐积累出推开那扇大门的力量。只有这样，成功之门才有可能被推开。

使用正确的方法

当你拥有了勇气，保持着不懈的努力后，你还需要有正确的方法。

美国游泳天才迈克尔·菲尔普斯曾在 2008 年的北京奥运会上，创造出了包揽自己参与的所有项目金牌的奇迹。他被人们称作泳池里的"外星人"。

菲尔普斯的成功，很大部分要归功于他科学的训练。从他高中开始，每天都要在泳池中进行长达六个小时以上的训练，这对于游泳运动员而言，是一个非常大的体能消耗。菲尔普斯具有超长的臂展和躯干，而且十分灵活，可以在水下做到其他选手无法完成的技术动作。他的教练鲍曼针对菲尔普斯的这一特点，为他量身设计了最合适他的水下动作和节奏，大大提高了他的成绩。同时，在日常的训练中通过低氧呼吸训练，高海拔训练等先进的训练手段，进一步提高了他的耐力和心肺功能。最终，科学的训练让菲尔普斯走上了巅峰。

爱因斯坦曾经有过一个著名的公式：成功 = 艰苦的劳动 + 正确的方法 + 少说大话。也就是说，一个人获取成功的过程中，除了需要你敢想敢做，坚持不懈地努力，还要尊重科学规律，循序渐进，不可蛮干。

每个人都渴望能推开成功之门，实现自己人生的辉煌理想。要推开这扇虚掩的大门，你需要将"无畏的勇气"滴入到"不懈地努力"这个试管中，再用"坚忍不拔"作为催化剂，通过"正确的方法"这一科学合理的步骤，才能推开那扇虚掩着的成功大门。

第五章
行动

做才能改变，开启不断完善自我的进程

优秀者的自信是永不枯竭的

每一个成功者的身上，都有一种同样的特质，那就是无法阻挡的自信。当一个人的心中充满了信心，坚信自己无所不能时，他往往就可以发挥出巨大的能量，迸发出耀眼的光华。而一个自卑的人，则会被自己心中的恐惧所束缚，不敢突破，不能创新，总是表现得无精打采、自我封闭。因此，青少年朋友们在成长的道路上，必须要让自己充满无法阻挡的自信。

自信是平庸的天敌

哈佛一位著名的教授曾说过："一个优秀的人，他的自信应该是永不枯竭的。即使你只是一粒沙子，在自信的打磨下，你也有机会成为一粒金刚砂。即便你是一块金子，也会因为缺乏永恒的自信，变得黯淡无光，最终连沙子都不如。"

每个人降临在这个世上都是一样的，而最后有的出色，有的平庸，并不是因为平庸者和优秀者之间真的存在巨大的能力差距，只是由于平庸者缺乏一种舍我其谁的自信心。

当一个人缺乏自信时，无论他曾位于何种位置，最终都不可能得到优秀的结果。失败和平庸，只是一个人自导自演的一出悲剧。

在现实生活中，很多青少年都安于现状，自甘平庸。他们从不去想改变，更不可能会去主动地了解外面的世界，主动地让自己变得更加优秀。表面上看似这只是没有理想，没有追求；从更深层次来说，还是这些青少年对自己的不自信。正是这种不自信，让他们不敢相信自己可以有所改变，不敢去迈出改变自己、提升自己的第一步。

　　想要拒绝平庸，青少年需要做的就是让自己拥有王者一般不可阻挡的自信，要相信自己可以做到，相信自己可以做得更好，可以比所有人都做得更完美。在自信的状态中，青少年们就可以看到更多自己过去所留意不到的东西。在自信的激励下，很多过去不敢去想、不敢去尝试的地方，都有可能变成新的落脚点。

　　青少年朋友们要记住，自信永远是平庸的天敌，想要不再平庸，想要改变自己的现状，那就让自己自信起来，用无与伦比的信心去冲破平庸给你的束缚，打造属于你的一片新天地。

用自信赶走恐惧

　　在一个人通向成功的道路上，自信是最为重要的品质之一，只有拥有了自信，才能树立起远大的目标，并不断地为之获取知识和技能，不断地向成功的目标靠近。

　　当你缺乏自信时，潜伏在黑暗中的恐惧就会悄悄地伸向你，让你在不经意间就产生动摇，偏离自己的既定的方向。

　　顶级学府的学子们都十分清楚这个道理，他们善于用知识武装自己，用目标来激励自己，让自己始终保有十足的自信，让恐惧感始终远离自己。

　　自信也不可能凭空产生，那些不依托于任何知识而产生的自信，只是内心中的骄傲和自负，这两种心态只会让人迷失真正的自己，同样会导致你离成功越来越遥远。真正的自信应该是诞生于学习知识的过程中。当青少年遇到自己所没有接触过的内容时，必须要通过不断地学习，充实自己的大脑，在不断学习的过程中收获自信，并用自信继续激励自己前行，从而形成一种良性的循环，这样得来的自信才是属于你的真正自信。得到它的同时，你也收获到了知识和眼界，三者结合才构成了成功路上的基石；那些不是来自于知识和学习的自信，只不过是镜中月，水中花，都是虚无缥缈的，只会蒙住你求知的双眼，导致你迷失在对自己的错误认识之中。

恐惧就像是意识的牢笼，形成于那些你还未知晓的事物中，总是试图困住你。学习获得的自信就像一把短剑，无比锋利，能够割开束缚你的绳索，从而冲开牢笼，让你进入到另一个阶段。青少年朋友们在追逐成功的道路上，不要被恐惧所迷惑，勇敢地用自信和知识武装自己，你就能够最终战胜一切恐惧。

奇迹源于信心的力量

生活中，有一些人，仿佛有着特殊的魔力，总是能不断地创造出奇迹。这些人并不是生而具有某些特殊的才能，他们只是拥有远超出常人的自信，并用这份自信指引着自己不断超越，从而创造出一个又一个奇迹。

哈佛大学有一句励志箴言："相信自己，你将会战无不胜。"走在哈佛的校园中，你可以发现每名学子的脸上都洋溢着一种自信，他们不会因为任何事而恐惧，能够战胜一切。这就是自信带给哈佛学子的力量，在当今这个逐渐全球化的时代，哈佛凭借的这份与生俱来的自信，感染着一批又一批的学子。也正是这种自信，让哈佛始终屹立于世界教育之巅。

一个人的成败，不取决于他的出身和能力，而是看他是否能够始终保持对自己的信心，始终沿着自己定下的方向前行。那些总是失败的人，更多的是因为他们的心中充满了对自己的怀疑，充满了对前路的迷茫，所以他们停下了、掉头了，最后他们也就失败了。

每一个伟大的奇迹，都是由无可阻挡的自信创造出来的。自信是一个认识自我、尊重自我的过程，如果缺乏自信，即便是一些简单的事情都会搞砸。青少年朋友们，从现在就开始树立自己永不磨灭的自信心，用自信武装自己，相信你就是创造奇迹的那个人。

事先制订计划，先完成那些最重要的事

很多青少年往往容易犯这样一个错误：当他们想要做一件事情时，总是盼望能够一下子就实现自己的要求，而并不考虑这个过程是否可行，当他们在做事过程中遇到了一些阻碍和困难时，又容易灰心丧气，甚至消极放弃。而另一些人却总是能够达成自己的愿望，这其中的主要原因就在于是否有明确的计划。

心急吃不了热豆腐

青少年朋友的通病就是缺乏耐心和细心，这总是影响着他们的成长。就像中国的一句老话："心急吃不了热豆腐。"

由于心智的不成熟和心态的稚嫩，青少年比成人更容易对某些新鲜事物产生浓厚的兴趣，并且付诸行动。在进行的过程中，由于对陌生事物的不了解和不熟悉，总会遇到形形色色的困难。大多数青少年都希望自己能够轻松地就达到目的，而没有足够的耐心，最终一些原本很细小的困难变成了横在道中的巨大障碍，阻碍孩子们收获成功的果实和喜悦。

成功的道路从来不是一帆风顺的，层出不穷的阻碍和困境经常困扰着我们，保持应有的耐心和韧性是必不可少的。虽然耐心和韧性并不是一下子就能够拥有的，必须要经过长时间地学习和锻炼，才能让自己拥有这样的品质，不过还是有办法可以加快这个过程的，青少年朋友们不妨养成事先制订计划的习惯。

通过事先制定计划，就可以站在一个更高的位置，对自己将要前往的目标有一个总体的认识和把握。制订计划的过程，也是非常好的自我思索和提高的一个过程。通过制订计划，你会发现一些执行中可能会遇到的问题，从而提前想好应对措施。有了足够的心理准备，当困难出现的时候，就不会手忙脚乱。

对于青少年而言，制订计划的过程也是一个培养耐心的过程，用制订计划去沉淀自己、磨砺自己，不仅能够提高自己的掌控力，更能够对心智成长起到很好的促进作用，这将会使你受益终生。

计划是行动的指挥官

制订计划的过程不仅可以更好地促进青少年的成长，计划本身更是前进路上一切行动的指挥官。

俗话说得好：谋定而后动。这句话的意思是，先把计划制订清晰，然后再去行动，如果未经计划，就盲目上路，那后果很可能就是跌得头破血流。

道路再长，都需要人一步一步地去走，即使速度不是那么快，但稳稳地前行，总能够到达终点；山峰再险峻，也要一级一级地去攀登，无论山峰有多么险峻，只要能够一直向上，总能够达到最高的险峰。

历史上第一个登顶珠穆朗玛峰的登山队，靠的并不是自己远超旁人的装备，而是一份翔实的计划。

他们在开始登山前，就对之前历次失败的队伍进行了分析与总结，找出他们失败的原因，再加上与当地向导的沟通和了解，他们对自己可能会遇到的问题列出了一份详细的清单。

根据这份清单，登山队进行了对应的准备，携带充足的物资和更有针对性的装备，在容易出现问题的高度和位置，投入特别的关注和更充分的准备。经过数十天的努力攀登，他们终于战胜了这座世界最高山峰，在人类的历史中写下了自己的名字。

只有最终的目标和满腔的热血是不足以取得成功的。当一个人有了针对目标和过程的详细计划之后，他的行动才算是具有了可操作性。这份计划可能并不能够让你应对所有的困难，但能让你准备得尽可能充分。你仍然可能会遇到意想不到的问题，但只要事先有充分的计划，事态就不可能完全脱离你的掌控。想要在成功的道路上走得更稳，就让计划变成自己的行动指挥官吧。

明确次序更重要

计划并不仅仅只是事无巨细的陈述和描绘，计划应该有清晰的重点，并分清楚主次顺序。

人的精力和时间都是有限的，所以不可能把所有的工作都做到面面俱到，必须要有所取舍。

那些可有可无的，只需要一笔带过，让自己保有对这些事情的印象即可，你在前进的过程中，自然会在遇到时顺手把它完成，甚至即使完不成也不会对你有什么妨碍。

那些非必须性的工作，你要留出一部分时间和精力，尽可能地多完成一些，这些工作或许不能对你有决定性的帮助，但你完成得越多，对你的帮助越大。

最后就是计划中的核心部分，对于这些工作，你必须进行专门的安排，必须认真对待，用大量的精力尽可能做到最好，如果不能按时做好，你的计划就失去了继续执行下去的可能和意义。

面对着前方的目标，你必须通过事前制订周密的计划，并科学地分配自己的精力，找出那些最重要的事情并先去完成，只有这样才有可能走到成功的终点。

把精力集中，一次只做一件事

常常会听到很多人这么抱怨："我今天不光要写好工作上的文件，还要去银行交电费，又要给客户回邮件，还要联系新的客户……我简直都快忙死了，这么多事情我该怎么完成啊！"

抱怨再多，工作都要完成，生活也要继续。抱怨不会帮助你解决事情，反而会让心情在不断地抱怨中越发恶劣。发生这种情况的原因，就在于没有学会每次只做一件事。

贪心往往一事无成

不论是学习上、工作上还是生活上，都有很多事情十分重要，或者十分紧急，让人无法取舍，恨不得长出三头六臂，将所有的事情都快速处理完毕。

对于贪心的人而言，往往同时抓住很多事情就意味着每一件事情都无法真正抓住。人的精力和注意力都是有限的，抓住的事情越多，平均到每件事情上的精力就会越少，效果也会越差。最终，看似投入了自己的全部精力，却没有一件事情能够真的做到优秀。

晓华是公司中的大忙人，一心希望奋斗升职的他，总是抓住一切机会试图向老板证明自己有多优秀。于是，工作中他格外卖命，不仅老板的一切吩咐都会第一时间上手去做，而且同时还不停地与客户进行联系，还不忘时刻与同事做好沟通。晓华很为自己的能力和表现感到满意，在他看来，自己能够同时处理好这么多事，肯定是公司最优秀的人才。

一年过去了，公司统计业绩时，晓华的成绩并不出众，原因就在于他分散了自己的精力，试图把所有事情都能同时做好，但每一件事都是需要足够的精力才能够完成，像他这样一心贪多，最终的结果就是失误频频，每一件事都无法做到最好。

晓华的故事可能很多人并不陌生，有时太想要把所有事情都同时做好，反而会做得不好，这也是许多人到头来一事无成的原因。

把精力集中起来

精力的分散，会导致每件事情上缺少足够的精力。那么，集中自己的精力就是成败的关键。一个成功的人更善于把自己的精力专注在一项工作上，并取得更杰出的成绩。

世界上最繁忙的地方之一，肯定包括纽约中央车站的问讯处。虽然只有不到十平方米大小，那里却每时每刻都人潮汹涌。旅客们总是十分关心自己的行程，并希望能够得到尽快的解答。

面对着焦急和蜂拥的旅客，你可能会认为这里的服务人员会是最手忙脚乱的人，但事情却相反，不论何时服务人员总是不慌不忙，显得那么的轻松自如、镇定自若。

现在在服务人员面前的旅客是一名着急赶火车的中年人，身上的衬衣早已被汗水浸透，这名服务人员十分耐心地听着他的问题，因为环境过于嘈杂，他必须把头尽力地伸过去，往往重复几遍后才能听清楚对方的话语。

同一时刻，另一名衣着时髦的太太也在试图询问什么，这名服务人员仿佛完全没有注意这位太太，依旧专心地答复着前一个人的问题。十几秒钟后，他回答好了那位中年人的疑问，转头看向这位太太，很有礼貌地问她需要什么帮助，然后耐心地解答她的问题。

类似的场景不断发生，服务人员通过每次专心地只解答一个旅客的问题，在一段时间内把自己的精力集中在一个点上，这样他每次都能够解答得非常清晰，并且不会因为旅客的数量很多就失去了应有的分寸。

这名服务人员每次都能够集中自己的精力去服务当前的旅客，所以才能够让每名旅客都得到满意的服务。同样的道理，只有当你能够集中精力，心无旁骛地专心于一件事情时，才更有可能把事情做好。

做好手头的这件事

古希腊的大哲学家苏格拉底，在哲学方面有很深的造诣。在他遇到问题时，他一次只会紧紧地盯住某一个问题，并殚精竭虑地探索手头这件事情的解决方法，直到最终完成为止。

哈佛的教授也常常会提醒自己的学生："你要学会集中自己的精力，做好手头上的这件事。当你无数次地做好手头上的那件事情时，你也就做好了自己的每一件事。"一个人的精力有限，只有学会把精力都用在手头的这件事情上，并尽全力做好它，才能最大化地实现自己的人生价值。

有个故事就讲述了这个道理：

某天下班时，经理检查每名营业员今天的业绩。当问到其中一人今天给多少名顾客提供了服务时，那人回答："报告经理，我今天只给一名先生提供了服务。"经理有些生气，继续问他的销售金额，对方答道："38334 美元。"经理大吃一惊，一名顾客就买了这么多东西，难道只是这名营业员运气好？

营业员做了详细的解释，原来这名顾客一开始想要买一个鱼钩，接下来他又推荐顾客购买了更为适合的鱼竿和鱼饵。然后，他又询问顾客想去哪里钓鱼，并推荐了一处知名的钓鱼胜地，但是距离有些远，于是顾客就又买了一艘迷你汽艇和一辆微型货车。

生活中的很多事情也有着同样的道理，有的人每天会做许多事情，但是没有一件事情会做到最好，那么完成再多不出色的任务也不可能让他成为一个出色的人；有的人可能做的事情并不多，但能够每件事情都想办法做到最好，这样的人往往更能够获得成功。如果你不能把十件事情都做得很好，那不妨把精力集中起来，专心于其中的几项并做到最好，你会发现这样自己反而变得更加的优秀。

比别人多做一点，就会产生优势

在这个世界上，努力的人很多，面对着许许多多一样努力的人，如何能让自己超越他人，变得更加优秀？

哈佛大学前任校长曾在入学典礼上寄语哈佛学子："哈佛大学能够始终屹立于世界教育之巅的原因，并不是因为我们的老师更聪明，也不是因为你们真的比别人更有天分，只是因为哈佛人都会比其他人做得更多一点点。"

优势源于比别人多做一点

当把两个人放在一起比较时，可能有很多方面都能看出其中一个人的优势，例如更聪明、更敏捷等。但这些都不是真正的优势。一个人的真正优势，其实只来源于他比别人多做的那么一点点。

中国有句俗话说，笨鸟先飞，即使是一只相对飞得慢一些的鸟，它只要能坚持一直提前出发，也能够飞在所有鸟的前面。坚持比所有人都多做一点，哪怕只有一点点，日积月累，也足以让你与其他人拉开难以企及的距离。

参加同样项目的两名运动员，一名拥有让人艳羡的身体天赋，另一名却稍显逊色。两人都非常的努力，都希望能够在运动会中取得好成绩。天赋绝佳的那人，虽然也很努力，但人总是会有惰性，长时间的训练带来了极度的疲劳，当疲劳产生时，他就会选择去休息。而另一名天赋没有那么出色的运动员，也会在训练后感到疲劳，甚至因为天赋的稍弱，更加重了这种痛苦的感觉。他明白自己不可能和另一个人去比拼天赋，只能拼意志力，所以不论多么疲惫，他总是会咬牙再多坚持一下。

一天、两天，他没什么变化；一个月、两个月，他的身体素质在不断地冲刺极限中得到了提高；一年后，长期的努力得到回报，他在运动会上力压天赋更出色的那个人，夺得了冠军。正是通过每天多做的一点，他战胜了天赋的差距，取得了领先的优势。

坚持每次都多做一点，会带来一点一滴的进步，当你的进步逐渐积累，积累到足够多的时候，那你就能获得十分可观的优势，这也是区分杰出人才和平庸之人的重要因素。

多做一点，收获会更多一点

收获取决于你所做的努力和付出，如果你能够坚持多做一点，多那么一点付出，那么你的收获也一定能够更多一点。

一分耕耘，一分收获，说的就是这个道理。想要得到更多的更好的结果，就必须更多、更努力地付出，这个过程中，多一点努力付出，都能带来更多的收获。

吉姆在美国德克萨斯州经营着自己的一座农场，他和相邻的农场主一样，每天按时施肥、撒药，不会错过耕种的时节，也不会搞错所要完成的工作内容，但是吉姆农场中的作物产量总是要比相邻农场的差一些，而且作物的品相也总是不如对方，每年的收入也差很多。

吉姆百思不得其解：大家都是一样耕作，一样的器械和肥料，为什么我的会差一些呢？对他的疑问邻居也不知道该怎么解释，于是邀请他参与自己的劳动。在观看和参与相邻农场主劳动的过程中，吉姆发现，他的邻居虽然使用的原料和器械都与自己相同，但他会根据肥料的成分和作物的密度与面积，科学地配比比例，这样每次都能让肥料起到最优化的效果。对于处在农田角落的那些农作物，他也会细心地人工去进行施肥和除虫。他每天都更多地付出一些劳动，最后就能够收获到比其他农场更为饱满的果实和更丰厚的收入。

生活中的事物都具有共同性，你在付出努力去做一件事情时，也就如同在耕作自己人生农田中的作物，你想要获得比其他人更大的收获，只能靠更多一些付出，任何投机取巧的行为都是无用的。也正是多一点的付出，你才能取得至关重要的额外的收获。

卓越来自多做一点

多做一点，你可以取得更多的优势；多做一点，你能得到更多的收获。那些真正卓越的人才，就是善于比其他人多做一点。

当你还在梦想中畅想未来时，当你在饭桌上与旁人兴奋地讨论着某个游戏时，当你在为了多看一集电视剧而睁大眼睛挺着不睡时，在地球的另一边，哈佛的学子们却在做着不一样的事情。

凌晨四点半的哈佛图书馆，学子们早已沉浸在自己的书本中；食堂中的哈佛学子，从不会进行无意义的讲话，只会快速吃掉盘中的饭菜，然后投入到下一段学习时间中；在入睡前，哈佛学子不会为如何消遣而发愁，他们只会再次重温一天的经历和所得，并为明天制订出下一个新的计划。

国内的大学中有句戏言：学霸比你聪明就算了，竟然还比你更多几倍努力。这句看似玩笑的话道出了隐含的道理：一个人能够变得卓越，恰恰是来自他比别人多做的那么一点。哈佛大学的学子们就深谙这个道理，他们并不会躺在自己过去的成绩上酣睡，也不会因为现在已经获得的成就而停步不前。他们永远会多做一点，再多努力一下。

对于世间的众人而言，人与人之间实际智力的差异并没有大家想象中的那么大，真正决定了一个人是否卓越的就在于每天多做的这一点。一点一滴的积累可以汇聚成汪洋大海，坚持比别人多做一点，你也能成为卓越者中的一员。

无论走到哪儿，随身携带一本书

有句名言曾说："书是人类进步的阶梯。"而在中国，也流传着一句古老的话："书中自有黄金屋，书中自有颜如玉，书中自有千钟粟。"读书可以说是一个人改变自己命运的最关键的方法。有些人可能会认为这在今天早已经过时了，读书，无论在任何时代，都是一件值得你为之持续终生的事。

读书好，好读书

书永远是人类最好的朋友，也是最忠诚的朋友。一个人如果把自己的热情倾注在书籍之中，那么书籍就永远不会背叛你。当你乘上理想的翅膀翱翔时，那这一本本或厚或薄、或大或小的书，就能够滋润你的梦想，就会拍打着双翼带领你飞翔。

著名的物理学家阿基米德曾说过这样一句话："给我一个支点，我就能撬动地球。"对于普通人来说，书籍就是你能够借力的支点，这个支点越牢固，你就能把自己的人生撬得更高。

读书的好处很多，这也是为什么世界顶级大学的师生们如此不知疲倦沉浸书本中，流连在图书馆中的原因。每一本书都像是另外一种人生，都讲述了你所不知道的故事。读完一本书，你就如同以一个旁观者的角度，体会了别样的人生和经历。

任何一名成功的人士，都有读书的习惯。他们总是如饥似渴地学习新的知识，希望了解到更多自己所未知的部分，读书就像是他们的生命一般重要。日复一日，年复一年，当他们读的书越来越多时，书籍就赋予了这些人更为深厚的底蕴、更为睿智的眼光。一个人越是拥有内涵和智慧，就越会发现读书的魅力。最终，当一个人越来越成功的时候，已经不知是读书成就了这个人，还是这个人诠释了读书的意义和作用。

找到适合你的好书

读书好，但要明白只有读到适合你的好书，才能真正地得到好处。好读书，更应该好读那些对自己有意义的好书。

古人曾说，开卷有益。但在当今时代，书籍已不像古时候那样是一种学术的象征，而变得更像是知识和文字的载体。书的价值不取决于包装是否精美、样式是否新颖，而取决于印刷在其中的文字，是否对你有价值。

有一句话说："尽信书不如无书。"书籍也有好坏之分。任何时代都有着光明的一面，也有着阴暗的地方。现在很多人，为了金钱的利益，不顾良心与道德，导致出版的一些书籍中充满了各种粗制滥造，甚至肮脏龌龊的内容。这样毫无营养充满糟粕的坏书，对于辨别能力不强的青少年而言，无疑是一种很大的伤害。

读书对于青少年而言，更是一种十分重要的获得更快成长的途径。一本好书，可以带给青少年朋友们很多正面的激励，让他们明白人生的一些道理，启迪他们的智慧，开阔他们的眼界，丰富青少年的精神世界；一本坏书，不仅不能从中学到丝毫的有用的知识，其中的那些不良内容，如一些暴力、血腥、色情的文字，对于成长中的青少年而言，就像是精神的鸦片和毒药，会对他们的正确的三观塑造和思想养成造成巨大的伤害，可能一本坏书造成的破坏，十本好书都很难弥补回来。

在读书这件事上，要对青少年进行正确的引导，培养他们读书的兴趣，教会他们分辨书的好坏。更要因地制宜，因人而异，根据不同人的读书兴趣和口味，因势利导，让青少年朋友读到适合自己的好书。

不要停下翻动的书页

在哈佛，你到处都可以看到沉浸在书籍世界中的学生，甚至教授。哈佛的每名学子，都会为了获取知识，为了提高自己，而孜孜不倦地读书学习。在他们的眼中，哪怕一分一秒都是宝贵的，都容不得浪费。

哈佛学子们都拥有着非同一般的理想，为了实现自己的理想，每个人都在不知疲倦地阅读着、提高着，都在源源不断地汲取所能接触到的一切书籍中的养分。

在成功的道路上，有很多人没有坚持走到成功的终点，这并不是因为缺乏天分，也不是走错了道路，只是输给了时间。哈佛大学图书馆的墙面上，印着这样的一句箴言："即使是现在，你的对手也在不断地翻动书页。"

短短的一句箴言，却给人一种振聋发聩的感觉。每个人的理想都需要用努力来实现，而当你稍有松懈之时，在你看不到的地方，那些你认识或不认识的对手，却正在努力地充实自己，努力地提高自己。正是这么一点一滴的差别，就成了成功与失败之间的巨大鸿沟。

每个人都要学会做时间的掌控者，不能容许一点时间的浪费。不妨试着随身携带一本书，不需要你总是去翻动它，但无论你前往何处，都要记得带上一本书，不仅可以让你利用闲暇的时间，增添行程中的乐趣，更是可以时时刻刻警醒你，还有很多人此时仍旧在翻动着手中的书页，在努力地向前飞奔。

随身带上一本书，让它跟随你一起前行，让它跟着你一起成长，总有一天，你也能够成为书中故事的主人公，激励千千万万的后来者。

上课时尽量坐在最前排

在任何一个国家、任何一所学校的课堂上，都有着一种有意思的现象：那些成绩优秀、品学兼优的学生，上课时总是会想要坐在最前排，而那些不喜欢学习、成绩差些的孩子，则是恨不得尽可能地远离第一排，甚至总喜欢躲在教室最远处的角落中。为什么坐在第一排的总是好学生呢？

你敢于坐在第一排吗

某次，哈佛大学的教授应邀前来中国的一所大学中进行交流授课。授课时，教室中挤满了前来听讲的学生，甚至走廊上都站满了人。但是奇怪的是，第一排反而没什么人去坐，只有几个学生孤零零地坐在那里。

看到这样的场景，这名教授十分惊讶，于是询问大家："为什么第一排没什么同学来坐呢？难道坐着没有站着舒服吗？"

现场寂静无声，这名教授想了想，又问道："同学们是不是担心坐在第一排会被我提问问题呢？"这时有人回答道："是的。"

教授笑了："难道我有这么可怕吗，让大家连回答问题都害怕？我也不会吃掉你们。"

看着同学们被自己逗乐，这名教授接着说道："在哈佛，我从没见过第一排空着的情形出现。每个学生都会努力地争夺第一排的位置，那些没有抢到的人甚至会十分沮丧。你们知道这是为什么吗？因为只有坐在第一排，你才能更加显著地亮出自己，才能吸引到别人的注目。可别小看了这点，只有被人注目，你才有更大的机会能被人赏识、被人重视。现在的社会人才辈出，你只有敢于坐第一排，才能出人头地。"

教授的话是对台下的学生说的，也是对所有希望实现自己理想和抱负的人说的。在现在这样一个充满竞争的时代，弱者才会等待机会，强者都在努力创造机会。青少年朋友们不妨问一下自己：当遇到这样的机会时，你是否也能勇敢地坐在第一排？如果你能给出肯定的答案，那你能否做到每次都争坐第一排？一次的勇敢只不过是勇气，只有每次都这样去争取，才能体现出你的斗志和理想。你不光是需要勇于坐第一排，更要让自己乐于坐第一排。

一个人要让自己永远地坐在第一排，这样你才会在做事的过程中更加投入；永远坐在第一排，你才能减少自己受到的干扰，把精力集中在学习和工作中；永远坐在第一排，即使你面前的演讲并不精彩，你听的这堂课并不重要，你所能得到的收获也会远远地超出那些坐在你身后的人。

坐在第一排，你将会发现，身边有更多出色的同行者，他们也在激励着你勇敢地前行；坐在第一排，你就能更加接近非凡，远离平庸，你的不懈追求将帮助你成为一个卓越的人。

成功源于永争第一

经常会有人问到一个问题：成功源于何处？为什么同样的一条道路，有的人可以走向成功，而另一些人却只会无奈地失败？

成功的原因有很多，但最关键的一条就是拥有永争第一的斗志。

没有一件事是可以轻轻松松完成的，成功的道路上充满了荆棘和坎坷，有着数不清的困难和障碍，如果缺乏永争第一的决心，就难以跨越这条道路上的层层险阻，很可能就会成为那些失败者中的一员。

各行各业中都不乏成功人士，这些人无一不是拥有着永争第一的决心。如果一个人连争夺第一名的想法都不敢拥有，那何谈能够战胜数不尽的对手，走向最后的成功呢？

世界顶级学府的学生们深谙这个道理，在他们的字典里，"永争第一"始终处在最为显眼的位置上。也正是这种对成功的渴望，让一批又一批顶级学府出来的学子走上了各自行业的巅峰。

永远坐在第一排、永远争做第一名，这对于每个人都是适用的。生活在现在这样一个世界上，相信每个人都拥有着希望自己成功的梦想。任何一个有梦想、有憧憬的人，都应该拥有着这种永坐第一排、永争第一名的态度。

实现理想需要的是行动

每个人都有着一个美好的理想，对于那些失败者，现实看上去是残酷的，但对于成功者，现实又变得那么的契合理想，而决定这个差别的就是行动的力量。

每个人都有理想，但并不是每个人都能实现理想，甚至可以说，大多数人都无法实现自己的理想。想要实现理想，除了需要你拥有着永争第一的决心，更重要的还需要你具备匹配这份决心的行动力。空有宏伟的理想与壮志雄心，却不去行动，那一切依然是空中楼阁，虚无缥缈。

青少年朋友们要明白，在你的身边想要坐到第一排的人一定是不在少数的。但是第一排的位置永远是有限的，任何一个前排的座位都始终处在抢手的状态中。真正能够坐到第一排的人必然不会很多。许多人之所以无法坐到第一排，不是因为他们不想，而是因为他们没有真正采取具体的行动。

那些最终能够坐到第一排的人之所以成功，是因为他们不仅有这种永争第一的理想，还积极地把理想变成了行动，用自己的努力，为这个目标付出了远远超出他人的心血和汗水。正是凭借着这样的行动力，他们才能取得最后的成功。

青少年朋友们，你不仅需要拥有永坐第一排的理想，更要付出足够的努力，只有当你付诸行动时，才能让理想变为现实。

多用积极暗示，避免消极暗示

面对自己要做的事情，有些人会认为自己能够轻松而完美地完成任务，有些人则会在心中打退堂鼓。不同的场景和不同的人，都会带来不同的心理活动，这样的心理活动就叫作自我心理暗示。不要小看这个看似虚无缥缈的词语，某些时候，它也能够决定一个人的成败。

心理暗示的魔力

一个人对自己的心理暗示并不是毫无作用的，相反，它具有某种奇妙的魔力。

某个大学的校篮球队成绩一直无法取得突破，篮球队的教练在自己的一位心理学家好友的建议下，准备采取新的训练方式。

为了对不同的训练方式效果做对比，他将整个球队分成了三个小组。第一组的队员，在之后的一个月中将完全停止训练，进行休息放松；第二组的队员，将继续按照原有的训练安排，每天进行两个小时的投篮训练；第三组队员，采用新的训练方式，每天只进行一个小时的投篮训练，另一个小时则进行脑海中的投篮训练。

一个月后，将三组队员的投篮成绩进行对比。第一组队员因为完全终止了训练，在过去的一个月中，投篮水平出现了明显的退步，平均命中率由之前的41%降低到了39%。第二组队员仍旧保持了过去的练习方式，平均命中率由过去的41%提高到了43%。第三组队员，依然坚持训练，但是实际的投篮练习时间要少于第二组，但他们的平均命中率反而从41%提高到了43.5%。

为什么会出现这种现象呢？原来，第三组队员虽然实际投篮练习的时间减少了，但增加了在脑海中的练习。当他们想象自己的投篮时，总是想着自己的投篮是一定命中的，而这种心理暗示大大地增强了他们的信心，当真正去投篮时，往往就能够超水平发挥。

通过对比，可以看出自我的心理暗示具有神奇的魔力，有时甚至可以让人绝处逢生，做到超出自己能力的事情，创造奇迹。当你遇到困难，面临挑战时，不妨像这些队员一样，挺起腰杆，给自己一些积极的心理暗示，当你相信自己能行时，那你就能行。

消极暗示的危害

心理暗示具有的魔力并不只是正面的，当一个人总是给自己进行消极的心理暗示时，它的危害是十分巨大的。

伟大的戏剧创作家莎士比亚曾经说过："当一个人在遇到事情主动退缩的话，那他就很可能因此而失去成功的机会。"会退缩，就是因为在他的内心深处对自己进行了消极的心理暗示。

在消极的心理暗示中，你所遇到的困难会在无形中被你心中的恐惧和犹豫放大。或许本来只是努力一下便可以克服的问题，在你的眼中会变得穷尽全部力气也难以战胜。

有一名旅者试图穿过撒哈拉大沙漠，但是在途中遭遇到了沙暴，他丢失了前往下一个绿洲的地图。凭着手头剩下的补给，他试图按照记忆中的方向碰碰运气。

一天之后，他的视野中出现了一片绿洲，当他兴奋地奔向那个方向时，却无奈地发现，自己眼前的只是海市蜃楼。第三天、第四天……几乎每天他都能看到绿洲的出现，但无一是真正的绿洲，依然只是海市蜃楼。最后，他的补给已经用光，而此时他的眼前，又模模糊糊地出现了一片绿洲，但他对自己说，放弃吧，那不是真的。结果，这名旅人倒在了自己的路途上，静待死亡的到来。第二天，人们在距离绿洲数百米的地方发现了他。原来，这片绿洲是真的，只是这名旅人自己心中的消极暗示，让他失去了生存下去的机会。

有些困难，看似是不可战胜的，那并不是因为它有多难，可能只是因为你对自己进行了太多消极的心理暗示。

学会积极的心理暗示

心理暗示往往能够体现出巨大的作用，因此我们应该有意识地训练自己进行积极的心理暗示，并注意消除自己的消极心理暗示。尤其是当遭遇困难和打击时，更应该对自己说："这些都是暂时的，我很坚强，我一定可以成功的！"

哈佛的心理学家说过："我们的神经系统是很愚蠢的，当你看到一件喜悦的事，它也会变得喜悦；当你看到悲伤的事，它也会变得悲伤。"所以，青少年朋友们要确信自己能够成功，并有意识地主动去找些事情来做，失败了就对自己说"我能行"，并期待下一次的成功；成功了就对自己说"我真棒"，并再接再厉。

学会积极的心理暗示也有些具体的方法，心理学博士罗森塔尔就给出了一些办法。

　　如果你有喜欢听的音乐，就可以使用音乐暗示法。只要这首乐曲可以放松你的神经、激发你的斗志，那它就可以作为你的心理暗示音乐。

　　科学研究表明，语言也能很好地带给人暗示，它对人的心态的改变作用也是十分巨大的。不妨找一些具有哲理性的语句刺激你的大脑，激发出斗志。

　　通过想象某些特定的场景，激发出心情的愉悦和心境的平和，就是情景暗示法。对于青少年而言，找到某些可以令你增强斗志、激发战斗力的情景，这就可以成为你的心理暗示情景。

　　除了上述这些之外，还有美食暗示法、服装暗示法，找到你喜欢的美食和穿上后让你更自信的服装，通过这两种事物带来心情的放松和愉悦，减少你的挫败感，从而激发你的斗志。

　　积极的心理暗示往往能够让你事半功倍，激发潜能，有些时候甚至可以成为你创造人生奇迹的跳板。所以，青少年朋友们不论何时，都要保持着积极的心理暗示，这会给你的成功之路带来更多的动力和激情。

懒惰往往比勤劳更消耗你的身体

　　勤劳和懒惰就像硬币的两面，当一面朝上时，另一面就只能被挡住。勤劳的人看似辛苦，却拥有着充实和满足；懒惰的人显得那么悠闲轻松，但心中的空虚和不安始终挥散不去。勤劳就如同一个人的磨刀石，虽然不断地用力在摩擦，但人却能变得越来越锋利，越来越光芒闪闪；懒惰就像是一潭死水，无论曾经多么光辉耀眼的人，都会被腐蚀得面目全非。青少年朋友们要记住，懒惰会比勤劳更加消耗你的身体。

勤劳是立身之本

从前有一个懒汉，他听别人说，世上有一种摇钱树，摇一摇就能掉下钱来。于是，懒汉总是想着这种不劳而获的好事，四处寻找摇钱树。几年过去了，他摇了上万棵树，可掉下的都是树叶。某天，他向一位在田里面干活的老汉问道："老人家，你们这儿有摇钱树吗？"老汉告诉他："摇钱树上有两个杈，每个杈上有五个芽。"懒汉按照指点，终于找到一棵这个模样的树，迫不及待地摇起来。可摇了半天，摇下来的只有几片树叶，他以为被老农骗了，愤怒地回去质问。老农抬起双手告诉他："这才是我说的摇钱树。"此时懒汉才明白，唯有凭借自己勤劳的双手才可能让自己变得富裕起来。

中华民族自古以来就是一个以勤劳著称的国家，古代先贤为我们留下了许多至理名言，例如，"一勤天下无难事"、"一日之计在于晨，一年之计在于春，一生之计在于勤"、"勤能补拙""一分耕耘，一分收获"，等等。这些名言警句都是对勤劳最好的诠释，并告诉了我们一个道理：生活的幸福、事业的成功，都源自于勤劳。

马克思用了40年的时间，阅读了上万册书籍和史料，最后才完成了促使人类进步的伟大著作《资本论》，正是勤劳，让他创造出了这样一个人间奇迹。

哈佛大学的图书馆中，有一条名言就是："勿将今日之事拖延到明日去完成。"说的就是要勤劳而不能懒惰。古罗马皇帝临终前也留下遗言："勤劳是通往成功的必经之路。"对于青少年朋友们来说，勤劳将会是让你受益终生的一个优秀品质，更是一个人能够生存于这个世界的立身之本。

懒惰是万恶之源

相对于勤劳，硬币另一面的懒惰则是万恶之源。世间的小偷、强盗，都是因为自己的懒惰，一心贪图安逸不想工作。这种人想要吃饭，想要活下去，就只有去偷、去抢。而其他的种种犯罪，也多是因为懒惰所致。

懒惰，从某种意义上来讲就是精神的堕落。它就像是一种腐蚀人精神的毒药，慢慢地毒害着你。一旦一个人背负上了懒惰的包袱，就如同挖掘了一个埋葬自己的坟墓。著名教育学家马歇尔博士曾说："没有什么比懒惰对人更加有害的了。"对于懒惰的人而言，想要成就一番事业几乎是不可能的。因为懒惰的人贪图安逸，不愿意付出劳动和汗水。当遇到一点点困难和风险时，他们就会吓破胆，他们缺乏吃苦实干的精神，总是心存侥幸，幻想着自己能够不劳而获。

在很多成功人士看来，懒惰和怪物并没有区别，每个人在一生中总要和这个怪物去战斗。懒惰是人类最大的敌人，许多你本可以完成的事情，都因为懒惰的出现而无法成功。

亚历山大大帝在征服波斯王国前，就发现了波斯人无所事事、生性懒惰，所以他说，并不是他战胜了波斯人，而是波斯人被自己的懒惰打败了。世间没有任何事比懒惰更能导致一个民族的衰亡，当一个民族不再勤奋时，那也就无可救药了。

懒惰可以毁灭一个民族，那么毁灭一个人更是轻而易举。一个人一旦懒惰成性，就会成为一个充满了沮丧、无所事事、浑浑噩噩的行尸走肉。对于一个人而言，懒惰就是所有苦难的根源，是所有人类的万恶之源。

用行动战胜懒惰

战胜懒惰的最好方式，就是让自己行动起来。不论是在学习上，还是工作中，抑或是生活里，面对着自己需要去完成的事情，不要给自己任何拖延的借口，要第一时间付诸行动，把事情做完。拖延就是懒惰的排头兵，一旦中了一次拖延带给你的精神毒药，那就很容易被懒惰击败，不知不觉地堕入懒惰的深渊中。

俄国的著名文学家列夫·托尔斯泰年轻时，为了克服自己的懒惰，采取了两项措施。一个是要求自己天天做体操，另一个是坚持每晚睡前写日记。这两项措施，他一直坚持到了 80 岁高龄，而日记更是坚持到了逝世之前的最后四天。

世界顶级的学子们，更是都把懒惰当作是自己最大的敌人，他们让自己不断地处于忙碌之中，不断地行动着，用这种方法去战胜懒惰，保持自己的勤劳。一个人一旦养成勤劳的习惯，那就将勤劳化为了永恒的精神，就没有了恶劣情绪潜入的机会，更不会有懒惰的长久驻足。

人生岁月，来去匆匆。如果没有勤劳的习惯，你就常会因懒惰把今天的事推到明天、明天推到后天，最终一事无成。就像是一首讽刺懒惰书生的打油诗所说："春天不是读书天，夏日炎炎正好眠．秋天蚊虫冬天冷，收拾书箱待来年。"

风华正茂、意气风发的青少年们，不应该学懒惰书生，应该勤奋在此刻，勤奋在当下，积极全面地发展自己。青少年朋友们，让自己以勤劳为伴，让生命在成长中变得丰盈而充实，为自己未来的发展奠定坚实的基础，为实现梦想展翅翱翔吧！

去做才是改变平庸的开始

想要成就一番事业的人，都不可能会一帆风顺。挑战总是与机遇并存，面对挑战，很多人总是会下意识地说"我不行吧"、"我可能做不好"、"我办不到"之类的话语。难道真的有这么困难吗？不是的，你只是被自己吓倒了，没有困难是不可战胜的，哈佛大学的一句箴言说的就是这个道理："只要你去做，那没有什么是不可能的！"

不要被"我不能"打败

在成功者的词典中，从不会出现"我不能"、"没希望"、"退缩"、"行不通"等消极的字眼儿。成功的人从不会考虑自己可能失败，在他们的字典中也不可能会出现这些意味着放弃和退缩的词语。

在日常的生活中，"我不能"这一类的字眼儿时常会出现在很多人的耳边，也被很多人挂在嘴边。这就相当于一个人对自己的宣判，宣判你不可能会成功，只会与失败做伴。一个人听多了自己说出"我不能"三个字后，就会更容易走入自卑的陷阱中，难以脱身。

当你说出"我不能"后，很多事情你可能就真的做不到了。青少年朋友正处在蓬勃朝气的年龄，万万不能被"我不能"三个字打败，不能让这三个字束缚住自己前进的手脚。

常说"我不能"的人，心理上必然会有一种自卑的情绪充斥其中，随着不断地对自己进行这种消极的心理暗示，成功的道路只会越来越长、越来越窄。青少年朋友们，请不要轻易地被"我不能"所打败，而应该把"我不能"变成"我能行"，树立起自己必胜的信心和信念，告诉自己一定能够做到，只有坚持下去，你才能越来越接近成功。

成功来自多一次的坚持

成功不是简简单单就可以做到的，即便一个人拥有了"我能行"的强大自信，依然会在成功之前遭遇到数不清的挫折。很多失败者，就是倒在了成功前的最后一级台阶上。

真的是这些失败者没有力气走完这最后一步吗？不是的，只是他们没有坚持继续走完这一步。在他们的心中，之前的999步都已经失败了，那么这一步依然很可能失败，他们已经不敢再次面对失败了，因为不敢迈出这一步，也就永远被挡在了成功的门外。

伟大的发明家爱迪生，在他发明出灯泡之前，曾经使用了一千六百多种不同的材料作为灯泡的灯丝，但都失败了。有人说："你都已经失败了一千六百多次了，你的想法肯定是不可能实现的。"可是爱迪生却并不这么认为，他乐观地对别人说："我没有失败，我成功地发现了一千六百多种不适合做灯丝的材质。"正是这种自信和乐观，支持他继续不断地尝试。终于，他找到了最适合做灯丝的物质，他的发明也大获成功，成了人类科技发展的一个里程碑式的记录。

爱迪生的经历告诉我们，只要坚持下去，你就有可能成功。在生活中，有很多身有残疾或者处于逆境中的人，他们反而取得了很多其他人所无法实现的成功。这就是因为这些人比普通人更懂得坚持的意义，虽然他们有些地方永远无法赶上旁人，但他们用自己的坚持做燃料，最终让自己这艘飞船飞上了太空，成就了自己的梦想。

行动带给你无限可能

坚定的自信还需要行动的支撑才能让人走到最后，不论做什么事，只有先行动的人才会占得先机。

很多青少年朋友们，他们有很多的想法，这样确实很好，有想法才能有方向；他们还对自己的能力充满自信，认为自己一定可以实现这个想法，这样也不错，有自信才能战胜困难。但他们在明确了方向，拥有了不怕困难的自信后，却往往忽略了最关键的一步，那就是立刻、马上的行动。最终，再好的想法也只是空想，再强大的自信也是枉然。

顶尖学府的学生们，并不仅仅只是思想的巨人，还是行动上的巨人。当他们想到了什么事情，做了任何决定后，都会第一时间行动起来，用行动去实现自己的想法。正是这种积极行动的态度，培养出了一代又一代的杰出人才。

千里之行，始于足下。这句话说的就是行动的力量。一个人无论多么聪明、多么有才华，离开了行动，那这些聪明和才华就都失去了展示的机会。

一个空想的人，只能拥有无数美妙的梦境；一个行动的人，却能收获数不清的果实。这个世上每时每刻都在发生着奇迹，奇迹是由人创造的，但没有行动是不可能出现奇迹的，行动，才是奇迹诞生的必备条件。

青少年朋友们，永远要相信自己能够做到这些看似不能完成的事情，并且立刻付诸行动，不要被困难吓倒，也不能让勇气只停留在脑海中，唯有用自信作为前进的原料，并坐到行动的战车上，才能在成功的道路上不断地向前，最终才有可能到达成功的彼岸。

健康食物，健康习惯

成功者的身上，除了天赋、努力、心态等你能够想到的优秀特质之外，他们还都具有一样很容易被人忽视的，但却是非常重要的特质，那就是健康的体质。

健康是 1，其他都是 0

如果把人的一生看成是一道数学题，那你所能取得的成绩就是这道题目的运算结果。题目中，只有乘法这个运算符号，当你把自己人生中所有拥有的东西相乘，得到的就是最终的答案。通过努力拼搏，你可能会获得财富，收获地位，赢得事业，享受美满的家庭，每一样取得的成就都有着自己的数值，相乘之后就能让你的人生结果越来越大。

人总有无法实现的目标，也就无法得到那个数字来增大的自己的结果，但人也都有一个自己无法回避的数值，那就是健康。健康只有两种结果，一个是 1，一个就是 0。拥有了健康这个 1，你所有的那些成绩和收获，就能让你人生的结果更加的光鲜夺目。如果你的健康成了 0，那之后你取得的那一切就都没有了相乘的意义，任何一个数字和 0 相乘还是 0，失去了健康，你的一生就只能是 0。

在这个世界上，每个人都会面临着各种各样的诱惑，但无论你做出什么样的选择，都不要付出健康的代价。无论你多么想要努力学习，都不能忽略运动的时间，这会让你的身体更加健康；不管你多么希望自己能卖力地工作，都不要过多地熬夜和不正常饮食，一旦你的身体出了问题，那是什么工作都无法弥补的。

青少年朋友们正处在长身体的时期，这时的你们充满了活力，似乎身体中有着使不完的劲，有消耗不光的能量。但这些真的能够永久存在么？不能。青春带给了你们更多的健康和活力，但青春不可能常在，你需要通过自己的小心呵护，让青春带给你的健康尽可能地延长，这样才能随着你取得的一项项成绩，让自己的人生运算结果越来越大。

强健体魄带来旺盛精力

人的一切外在表现都依托于你的身体，无论是智商、才华，还是个性和魅力，都需要负载在你的身体上，不可能凭空存在。

拥有健康的强健的体魄，就如花儿拥有了肥沃的土壤，养分的滋润会让花儿开得更加灿烂。

哈佛的学生们，凌晨四点半仍然沉浸在学习之中，但他们并不会忽视对身体的保护。在哈佛大学的操场上，你总是能够看到数不清的人在运动，而在运动的间隙，他们仍然不会错过一点一滴学习的时间。没错，即便是视学习如生命的哈佛人，也不会忽视自己的健康，因为他们明白，强健的体魄才能带来旺盛的精力，而精力才是支撑自己一直学习下去的原动力。

曾有这样一名学生，毕业后进入了向往的公司。为了实现自己出人头地的理想，他拼命地工作，是公司有名的拼命三郎。一开始的确通过这种方式为自己赢得了不少机会，但随着时间的推移，他发现自己的精力越来越不够用，长时间的熬夜和不规律的生活习惯摧残了他的健康，让他变得不再像以前那么意气风发，在别人的眼中，他也显得死气沉沉、毫无活力。

于是，他做出了改变，不再把全部的时间都投入在办公室，而是每天都坚持健身，按时进食三餐，放弃了那些不健康的垃圾食品。几个月过去，那个精力充沛的他又重新回来了，虽然时间不是都用来工作，但是效率却能保持在高速运转中，而且这种健康有活力的感觉更能让人充满激情，创造出更多可能。

成功并不是一蹴而就的，有时为了多前进几步，而用健康去做交换，那你失去的就会是未来的更多步。健康的体魄才能给你前进的旺盛精力，千万不要忽视了自己的身体。

健康源自点滴的养成

人的身体十分奇妙，拥有着巨大的惯性存在。一个健康的人，并不会因为一时的消耗而马上变得虚弱，这是一个长期的过程。很多人就是被这一点所麻痹，总是认为自己没问题，自己的身体还能坚持得下去，但实际上伤害一直都存在，只是你的身体在惯性的作用下还没有表现出来。

随着日积月累的伤害，身体逐渐衰弱下去，到了某个临界点，人就会发现，自己在一场突如其来的病痛后，仿佛一夜之间，身体就垮了下去。这就是健康终于消耗殆尽，你的身体已经对你发出了最严厉的警告。

这时的你，再想恢复健康，就会变得十分困难，你需要付出更多的代价、更多的时间，才有可能将身体恢复到以前的状态。甚至，由于年龄的增大、身体机能的退化，你的身体再也没机会变回以前的那么健康和强壮。

一个人不能等到身体对自己发出警告时，才想到健康的重要性。在日常生活中，时刻都要注意健康的生活方式，呵护好你的健康。

早餐时，细嚼慢咽地饮一杯牛奶，吃几片面包、一个鸡蛋，胜过你狼吞虎咽啃食几个包子，更要强于那些不吃早饭的人。午餐时，荤素的合理搭配，主食的优秀配比，能够保证你身体的需要。晚餐时，控制一定的量尤为关键。空闲的时候再补充一些水果。保持这样的健康饮食，你的身体就永远能够得到充足的养分。

除了饮食，你还须坚持锻炼。生命在于运动，只有进行充足的运动，让自己动起来，才能够让健康得到持续。保持这些健康的生活习惯，将会让你受益终生。青少年朋友们要牢记，健康永远是最值得关注的事情。

第六章
激 发

点燃潜能的小宇宙

最大的荒原就在你我的头发之下

说起潜能，每个人都知道自己或多或少有一些，但没人知道潜能的力量有多大、潜能的极限在哪里。或许你认为自己的大脑与"爱因斯坦"之间存在着不可跨越的鸿沟，其实，它们的差别只是用脑程度与方式不同，而这一鸿沟不但可以填平，甚至可以超越。只要你肯去发掘它、探索它，下一个爱因斯坦或许就是你。

不要自我设限

一位心理学家用跳蚤做了一个实验：把跳蚤放进广口瓶里，盖上透明盖子。起初，跳蚤通过练习会跳得一天比一天高，直到能跳起来撞到盖子。但此后，跳蚤每日的练习会逐渐退步，它再不肯跳到撞到盖子的高度。过一段时间后拿掉盖子，跳蚤却无论如何也跳不出广口瓶，虽然没有了实物障碍，跳蚤却为自己设定了意识障碍，把自己的跳跃能力调节到瓶盖的高度之下。

生活中，很多人都会像跳蚤一样自我设限。譬如，有些人通过努力取得了一定成绩，可一旦遭遇挫折，就认为自己能力就这么大，甘心情愿过平庸日子。在学校里这种现象更为普遍：某位同学入学考试排名靠后，失望之余便是对自我深深地怀疑，认为自己不够聪明，或者学习基础打得不牢，再努力也是徒劳无功。接下来，他开始心安理得地居于差生位置，几年里一直在成绩排名榜的末尾摸爬滚打。这就是一个人的心魔，一种自我蒙蔽，是我们个人成长的最大障碍。一旦有了这样的自我设限，我们真就像那只跳蚤一样，唯有等待无奈的命运而已。

最大的荒原就在你的头发之下

其实，人本没有聪明与愚笨之分。从目前的科学研究成果来看，只要你的大脑健康，你完全可以表现得和别人一样出色。苏联学者叶夫莫雷夫曾说："人的潜力之大令人震惊。如果迫使大脑开足一半马力，我们就能毫不费力地学会 40 种语言，把《苏联大百科全书》从头到尾背下来，完成几十个大学的课程。"

我们倒不必背诵大百科全书，但的确该试着继续开发脑细胞了。人的大脑大约有 1000 亿个神经细胞，其中组成大脑皮质的细胞就有140 亿个。每一秒钟，大脑都会发生十万种不同的化学反应，这也是为什么大脑仅占人体重量的 2%，却要消耗人体 25% 的氧气和 20% 的营养物质的原因。大脑对人类至关重要，但我们对它的开发却少得可怜。20 世纪最伟大的科学家爱因斯坦死后，他将大脑捐出做研究，结果科学家发现他的大脑使用率不足 10%！最伟大的科学家尚且如此，我们普通人又能开发多少？或许有些人连 5% 都达不到，难怪英国著名智力训练家波诺博士说："全世界最大的荒原就在你我的头发之下。"

这真是人类最有用的发现，比爱因斯坦的相对论更具实际意义。想一想，爱因斯坦只用不到 10% 的大脑就成为最伟大的科学家，如果我们再多开发 1%，甚至是 5%，那结果会是怎样？所以，别再说自己比别人笨，真正困住你的从来不是你的大脑，而是你的心魔。

打破自我设限，探求你的潜能力

没有人知道自己到底具有多大的潜能，更缺乏自主意识去激发它、探求它。所以，哈佛一直致力于开发学生潜能，早在 1650 年，学校就定下宗旨："要致力于克服各种限制，使学生全面参与，以探索能力、发展兴趣、开发智力潜力。"到如今，哈佛仍然严格恪守这一原则，努力帮学生找到切入点，让其认识到自己有多么伟大。

约翰·戴维斯是哈佛大学音乐系的一名学生，他的指导教授在业内十分有名。从授课第一天起，教授就递给约翰一份难度颇高的乐谱，让约翰"试试看吧"。结果，约翰试得生涩僵滞、错误百出。下课时，教授叮嘱他回去好好练习。第二次上课，教授并未验收作业，而是交给约翰一份更刁钻的乐谱。以后每次上课教授都给约翰布置乐谱，难度越来越大。约翰不知道教授为什么要故意刁难他，无奈只得强打精神，苦苦挣扎于更高难度的技巧挑战，但他一直力不从心，越来越感到不安、沮丧和气馁。

三个月后，约翰终于鼓起勇气质疑教授，认为自己能力有限，不宜盲目冲击高难度乐谱。教授什么都没说，拿出第一次上课的乐谱，让约翰试着弹弹。不可思议的事情发生了，约翰把这首曲子弹得如行云流水般美妙。教授又让约翰弹第二次课的乐谱，这次他依然有超高水准的表现，连他自己都难以置信，至此才明白了教授的良苦用心。

生活中，很多人可能都像约翰那样低估了自己，困在自我限定中无法脱身。其实，我们可以做得很好，哪怕你已经小有成就，但与应当取得的成就相比较，你现在不过是在沉睡，你身心资源的绝大部分一直都被荒废着。所以，别给自己的逃避找借口了，不要给自己的人生设限，努力发掘那取之不尽、用之不竭的潜能宝藏吧，你可以从中获取一切能量，成就最完美、最伟大的自己！

如何释放自己的潜能

在这个世界上，每个人生来都具有某方面的潜能。在成长的过程中，有些人的潜能得到了充分的开发，于是逐步展露出某些胜过常人的地方；另一些人的潜能却一直被埋没在身体的深处，始终不见天日。潜能是否得到释放也是成功和失败的关键所在。那么，如何去释放你的潜能呢？

消极心态限制了你的潜能

你是否曾经有过这样的想法："唉，我这个人，也只能这么一事无成了，都不知道自己能够干什么。"或者，你是否听到过别人的抱怨："别幻想了，我哪里比得上那个新来的博士，人家学历高，能力也强。"

相信不止一个人会有如此的想法，工作和学习中，人们总是会因为见到比自己更加优秀的人才，而产生一些自暴自弃、丧失斗志和动力的想法。

事实上，正是这样的消极想法，限制了很多人释放出自己的潜能。上天对每一个人都是公平的，你同样拥有展示自己才华的机会，除非自己放弃。

那些拥有积极心态的人，总是能够不断地给自己打气、鼓劲。在他们的眼中，没有什么困难是自己无法战胜的，自己也远没有达到极限。对于这些人而言，他们的积极和主动，就是自己能够承担责任，塑造自己的未来，发挥出人性的光辉的关键所在。真正的杰出人才，如爱因斯坦、洛克菲勒、罗斯福等闻名于世的伟人巨匠，就是拥有着这样积极心态的人。

相反，那些拥有消极心态的人，每天心中所思所想不是如何去提高自己，而是沉浸在自己不如他人这种怨天尤人的心情中，只会导致故步自封、自我放逐。长此以往，这些消极的心态将会使人变成机械的而非积极主动的人，这样的人也注定将一事无成。

人的潜能都是存在的，且比你想象中要多得多，关键在于，你是否能够拥有积极的心态，去主动发现潜能，并释放潜能。如果连你自己都无法主动起来，只会消极地对待学习和工作，那么无论多么巨大的潜能，也都不可能得到一丁点的释放。

信念是释放潜能的关键

哈佛大学的历史上，从未出现过能够签约 NBA 的篮球队员，直到来自中国台湾的林书豪出现，才打破了这个尘封许久的限定。

对于一个篮球运动员而言，拥有过人的速度、超人的弹跳，这两点似乎决定了他能够成为一名球星。而林书豪只是一名稍显普通的球员，速度不快，弹跳也不好，身体也显得有些单薄。果然不出那些评论家们的意料，林书豪的 NBA 之旅并不一帆风顺，头几个赛季的起起伏伏，他一直没有表现出足够的实力，最终数次被不同的球队解约。

换作另一个人，或许就会沉沦，从此离开篮球。但是林书豪始终抱着一个坚定的信念，那就是自己拥有足够的潜力，一定能够在篮球上取得突破，现在只不过是在蛰伏。果然，坚定的信念取得了应有的回报。通过不懈的努力训练，林书豪获得了纽约尼克斯队的新合同，并在赛季中出人意料地爆发，数次力挽狂澜拯救球队，他本人也被球迷们送上了"林疯狂"的外号。

林书豪可以说代表了一种另类的球员，相比于那些肌肉发达的队友，他的身体太过于羸弱。但他独辟蹊径，用脑子而不是身体去打球，最终闯出了自己的一片天地。这就是信念带给人的作用，信念让林书豪释放出了自己的潜能，成就了 NBA 中的又一个励志黑马的传说。

对比林书豪，你在生活中遇到的那些困难和问题，就显得并不是那么不可跨越，你缺少的只是相信自己坚定的信念。一个人如果能够拥有坚定的信念，再通过日常不懈的努力奋斗，释放出潜能的你将会变得无可阻挡，迸发出超过自己想象的能量。

信念来自于何处

信念可以来自于环境。为什么有的人具有坚定的成功信念，而有的人心中却只是充满了失落和挫败感？那很可能是因为他们所成长的环境不同。好的环境可以孕育出信念的良性循环，差的环境则会导致恶性的循环。一个人的身边如果充满了各式各样的成功人士，那么他的模仿目标就是这些人的成功；如果一个人的身边都是失败者，那么他也很可能会去重蹈失败的覆辙。

信念还来自于人生中的偶然事件。每个人在生命之中都会面临一些突发的事件，其中的一件或者几件可能会对你产生极为深刻的影响。当这种影响大到难以磨灭时，就会在你的心中产生了一种信念。而这种信念如果恰好处于积极的那一方，那就有可能改变你的人生。

信念还来自于知识。一个人的学识越渊博，他对于自己某方面的信念往往就能够越加坚定。知识的来源可能是亲身的体验，也可能是从书本、课堂等地方获取。不论你处于何等恶劣的环境，通过学习了解其他人的成功经历，你也一样可以产生信念，助你成功。

信念可以来自你成功的经验。相信自己能行，最好的方法就是亲自去做一次，如果你能够成功，那这种成功的经验就会使你很容易地建立起成功的信念。

信念还来自于你内心的经验，当你的周围死气沉沉时，就在心中假设自己成功，然后将自己融入其中，就可以改变你的心态，获得信念。

用科学的运动充沛精力

当你看到哈佛凌晨四点半座无虚席的图书馆，你心里肯定非常敬佩哈佛学子们的毅力和志向。但在你看不到的背后，是充沛的精力在支撑着这些学生们。拥有充沛的精力，才能够长时间地保持专注，才能高效率地学习和工作，这些都是成功道路上的加速器。所以，当你在奋斗的过程中，一定要保持充沛的精力。

更多精力意味着更多可能

当你在连续数小时的工作后，可能会变得头昏脑涨，必须要休息一下才可以继续下去；当你在高强度的学习过后，你也可能会感觉到身体仿佛失去了能量，急需休息缓解。

人不是机器，不可能不知道疲劳，所以需要适当的休息。但你会发现，在你身边那些比自己优秀、比自己进步更快的人，几乎看不到他们休息的时候。同样的现象也出现在那些成功人士身上，他们像是永不疲劳的机器人一样，在别人休息的时候，还在继续前行。

这个世界上并不存在真正不知道疲劳的人，你看到的这些，只不过是他们拥有更加充沛的精力，当其他人因为精力消耗殆尽而休息时，他们还有充沛的精力继续坚持下去，甚至可以坚持很久。

试想一下，人每天需要工作八个小时，如果一个人的精力不够充沛，只能够连续高强度地工作一个小时，然后就需要休息 15 分钟才能继续，那么他在这八小时中，实际的有效工作时间只有六个小时多一点；而如果一个人每两个小时才休息 15 分钟，那么他就可以工作七个多小时；如果有一个人能够在八小时内都保持着充沛的精力而不需要休息，那么他每天都可以比其他人多出 1~2 个小时的有效工作时间。几个月后，他们之间的差距就会变得非常明显。

拥有充沛精力的人，可以更好地提高自己的效率，更长时间保持高强度的工作和学习。成功并不存在捷径，必须一步一个脚印踏踏实实地奋斗。因此，拥有充沛精力的人，无形之中就拥有了更大的成功可能。

壮硕不代表充沛的精力

有的人可能会疑惑，明明自己的身体十分健壮，为何仍会感觉到精力不够用呢？很多人都存在着这样的误区，只要自己的力量十分大、身体十分强壮，那么自己就一定是十分健康，拥有着旺盛的精力。

事实并非如此。单纯的壮硕并不能等同于健康，更不能等同于精力旺盛。从科学的角度而言，壮硕指的是身体的力量足以达到或超过某个数值。但是这只是意味着你的肌肉力量十分优秀，而人的身体是由多种器官、多个系统协同工作的整体体系，只有肌肉的强壮不足以让整个体系得到明显的进步和改善。

日本的相扑运动员，可以说是这个世界上最为壮硕的一个群体。在电视上，这些相扑选手，个个力量强大，而且还具有相当的敏捷性。但在日常的生活中，相扑选手们并不能像正常人一样地生活，他们不能够长时间站立、行走，因为这些运动会导致他们很快就感到疲劳而需要休息。如果同样的一份工作摆在你和相扑选手面前，你会发现自己可以轻松地秒杀掉对方，相比之下，你的精力无疑是更加充沛的。

这种现象究其原因，不外乎是因为身体的不均衡发展。相扑运动员极端地强化了自己的肌肉力量和身体重量，但整个身体并没有得到整体的提升，反而因为其中这两个环节的过分强大，导致了整体失去平衡，反而使得相扑选手在日常生活中不如普通人。所以说，单纯的壮硕不代表你就拥有充沛的精力。

用科学运动提升耐力和活力

既然壮硕不等于精力充沛，那么，该如何去改变自己？

科学研究表明，壮硕产生的途径是通过无氧运动，这样的运动强调瞬间的爆发力，而不具备耐久力。精力的产生和体力的恢复更具备正向相关性，有氧运动就是增强人的体质，增加人的体力的最佳运动方式。

顾名思义，有氧运动讲的是在运动过程中维持一定的强度，使得身体各个器官和组织被充分地调动起来，并在这个过程中消耗大量的氧气。

有氧运动可以极大地提高人的整体机能，并让体力更加充沛，体力的充沛，就必然能够使得你的精力更加的旺盛。工作容易疲劳的人，往往就是因为体力不支导致的。通过有氧运动，让体力得以提升，自然就能适应更大强度和长时间的工作，大大提高个人工作的效率。

现在的日常生活模式，大多都是无氧运动多，有氧运动少，这已经影响到了全民的健康。解决办法也很简单，就是要平衡你的两种运动的数量。一个人所有的运动过程，都要先建立一个有氧的基础。不妨尝试着坚持一段时间纯粹的有氧运动，完全排除无氧运动。几个月后再来观察，只要你真的做到了坚持不懈，身体机能就会得到很好的强化。

有了有氧运动基础，就可以带给人更强的耐力和更充沛的精力。记住，科学的有氧运动能够增强你身体运送氧气的能力，每个器官和系统就能够获取更多的氧气，就能源源不断地为身体的活力和健康提供动力，这就是科学的有氧运动所蕴含的奥秘。

青少年朋友们，如果你希望自己能够像哈佛的学子们那样，拥有充沛的精力，就从现在开始，加强科学的有氧运动，不仅可以帮助你的身体快速健康地成长，更能够为你的未来打下坚实的身体基础。

潜能可以开发，但不能过早、过快

很多人会羡慕自己身旁的那些成功人士，羡慕之余也会感叹，自己一辈子都不可能拥有这样的成就。相信不止一个人会有这样的想法，认为自己毫无潜能，没有任何前途。其实，成功者不一定比失败者拥有更大的潜能，真正的区别，只是看你有没有开发出自己身上的潜能。

潜能需要开发

上帝对每个人都是公平的，即便他给你关上了一扇门，那必然会给你打开一扇窗。每个人都有自己独有的潜能，你的失败和落后只是因为你还没有真正开发出自己的潜能。

潜能只是一种潜在的能力，只有开发出来才能变成你的实力，每个人的潜能都不同，需要找准方向才能有的放矢。如果你拥有着音乐上的天赋，却偏要在数学研究上取得突破，那显然只能是竹篮打水一场空。

现在的青少年，面对着多种多样的压力和挑战，往往会迷失方向。家长们出于攀比、升学等不同的目的，更容易盲目地给孩子们报名参加各种针对性的补习班。人的精力是有限的，当你把注意力集中在某项学习中时，必然会错过其他方面的学习。人的潜能也是特殊的，当你把精力集中在你不具备潜能的方向时，又怎么能开发出自己的潜能呢？

拥有潜能，却不去有针对性地开发，就如同你站在金山银山上，不想着低头去挖掘，反而试图想要跳到旁边的土山中去寻找可能的宝藏。一个人的潜能无论多么巨大，都需要你有针对性地去开发，才能够逐步显现，才能够变成一个人成功道路上的助力。

青少年朋友们，你们的人生刚刚起步，有很多的机会可以去尝试。面对着种种不同的方向，尝试之余也千万不要被迷花了双眼，要真正找到自己的潜能所在，并有针对性地去开发它，投入足够多的精力和时间后，你才能够收获到属于自己的那份卓越不凡。

循序渐进才能生生不息

潜能开发应该是一个科学的循序渐进的过程，不能急于一时，在开发潜能的路上，不同的时期要有不同的策略，通过不断地有序的开发，让潜能源源不断、生生不息地喷涌。

潜能的开发方式，决定了潜能的开发效果。循序渐进的科学开发，不但可以开发出潜能，还可以避免导致对性格的负面影响，进而可以更好地激发出一个人在这方面的热情，加速潜能的合理开发速度。急功近利的心态，不仅不能够很好地开发出潜能，反而会导致恶劣的后果产生。

学会调控自己的情绪

心理学研究表明，人的情绪很大程度上决定了人的行为。如果一个人处在愤怒的情绪中时，他的行为也会变得不可理喻，在有些情况下甚至会做出自我破坏的不合理举动。一个成功的人，会很好地控制自己的情绪，控制自己的行为。

愤怒伤人更会伤己

在日常生活中，人们总是有这样或是那样的负面情绪，并且无时无刻不在受着这些情绪的影响。情绪影响着人们的行为，如果不能够管好自己的情绪，任由其肆意发泄，它就会不断地吞噬幸福，不仅伤人，更会伤己。

大卫是一个脾气十分暴躁的孩子，常常和其他孩子打架，因此同学们都不愿意和他交往，老师也十分讨厌他，甚至连亲戚都不愿意多搭理他。有一天，他的父亲给了他一包钉子，并告诉他，每发一次脾气，就在家中的栅栏上钉一颗钉子。

第一天，大卫一共钉下了 37 颗钉子，这意味着他一天里面发了 37 次脾气。随着钉子越来越多，大卫也意识到了控制情绪的重要性，发脾气的次数也逐渐减少。当有一天，他发现相比于控制情绪，钉钉子要更费力时，他告诉了父亲自己的转变。于是父亲就让他在一天都不发脾气时，就拔下一颗钉子。

又过了一段时间，大卫把钉子都拔了下来。此时父亲告诉他："拔下钉子要比钉钉子费劲得多，而拔下钉子之后，栅栏上的伤痕也不可能弥补。人也是一样，发泄情绪要容易得多，但是消除自己的恶劣情绪带来的影响却很难，而你对他人内心的伤害，更是永远不可能弥补。"

青少年时期是一个很特殊的时期，这时的你们面临着更多的问题，而且更加的"血气方刚"，容易冲动，所以就更会产生各种不良的情绪，更容易变得愤怒。

当你因为情绪的愤怒而朝着他人发泄时，不论你事后如何弥补，你对他人的伤害都难以愈合，愤怒也会使你的行为不可控，更容易做出自我伤害的事情。

要有积极愉快的心情

中国有句老话叫"三人成虎"，说的是当有三个人都肯定某件事时，听到的人就会相信这件事是真的。

心情也可以起到同样的效果。有些调皮的孩子可能做过这样的恶作剧。他们联合几名小伙伴，故意对某个同学说类似这样的话："你的脸色好差啊，是不是生病啦？""你是不是在发烧啊？""你的样子好可怕啊，快去医院看看吧。"只要几个人都用很逼真的表情和语气说出这样的话，那这名同学肯定就会心中充满了不安，并且好像感觉浑身都不舒服，像是真的生病了一样，他一定会找个时间去医院看一下自己是不是真的生病了。

其实这只是孩子们的一种恶作剧，但却像是拥有一种魔力，让一个健康的人感觉到自己像是生病了一样。

情绪也有着相同的作用。当某种情绪进入你的脑海中时，它会慢慢地生根发芽。如果这是一种不好的情绪，那么当它长大后，就会不断地结出消极的果实，就好似不同的人在和你说你的不好、你的失败，你自己也会慢慢地认为自己真的很失败；如果你的脑海中是积极愉快的情绪，那就会如同不同的人都在夸奖你、表扬你，那你也就能够一直保持着自信和良好的心情。

情绪拥有这样的魔力，那就需要每个人尽可能地保持积极愉快的心情。当然，人总是会遇到让自己不开心的事情，这时就需要你做一些积极的自我暗示，比如我很开心、这件事没什么、我觉得自己很开心、我今天过得很愉快之类的话语。当你试着这样暗示自己时，你的心情也能向着积极的方向发展。当你拥有这样积极的心态时，他人也会更愿意靠近你，更愿意和你分享自己的快乐。

如何控制愤怒的情绪

哈佛的心理学教授泰勒说过，青少年拥有烦恼并不可怕，可怕的是不能很好地控制住自己的情绪，让烦恼变成情绪中的暴躁因子。他推荐了一些控制情绪的好方法。

当你感到愤愤不平而情绪即将爆发时，要学会主动地用意识去控制自己的情绪，提醒自己应该保持理性，不要盲目冲动，这就是用意识控制情绪的方法。

在处于恶劣的心情中时，不妨用一些富含哲理的话来鼓励自己，同逆境和痛苦做斗争。通过这样自我鼓励的方式，也能够帮助你调节自己的情绪。

语言在情绪的调节中也有着强有力的作用。在愤怒时，一些包含着"冷静"、"忍耐"等字眼儿的语句，更能够帮助你平复心情。通过语言进行自我提醒，自我暗示，自我命令，也可以很好地起到调节情绪的作用。

当你的情绪不佳时，通过改变一下环境，如去看一场电影、参加一场球赛等。用环境的改变来调节自己的心情，也能起到良好的效果。

如果你因为达不到自己的某个目标而产生不好的情绪，那为了减少内心的失望，不妨找一个理由来安慰自己。虽然这样的举动有些类似于吃不到葡萄说葡萄酸的心理，但这并不是自欺欺人，而是一个可以偶尔用来缓解情绪的好办法。

当心中有不快，感到委屈或者愤怒时，也千万不要积压在心中，要学会向知心的朋友和家人倾诉，或者一个人大哭一场也好。这些都是把心中的不良情绪宣泄出来的好方法，这种发泄避免了内心的情绪郁结，有益于保持自己的身心健康。但是发泄的对象、场合和方式都要适当，不能只图自己发泄爽快，而伤害到他人。

不复制成功，复制成功的品质

　　成功是所有人都希望拥有的，但却只有很少的人能够获得。当一个人看到自己身边的成功人士时，难免会幻想，如果自己也走上了相同的道路，使用同样的方式，那自己也一定可以成功。有着这样想法的人，几乎都是碰得头破血流，因为他们忽视了一点，成功需要走自己的路。

没人可以复制成功

　　可以下这样一个结论：成功是难以复制的。

　　任何一个人，在真正成功之前，都不敢说自己选择的方向一定能到达成功的彼岸。就如同在大海上航行，船只只不过有一个大概的方向，沿着这个方向走下去，可能途中一点点的差之毫厘，最终就会变成尽头的谬以千里。

　　每个人可以用眼睛看到的，是别人成功的表面，看不到的是他背后付出的努力和经历的伤痛。有人用自己的成功，验证了通过某条道路的确可以最终通向成功，而另一些人就借此动起了脑筋：既然他可以这样取得成功，那我不妨跟在后面，亦步亦趋地走下去，不就一样也可以成功了吗？

　　殊不知，东施效颦只会适得其反，这样做的人，反而更加难以成功，他们过于关注那些成功人士的选择和举动，并盲目地复制在自己身上，却不知道这样一来，失去了自我，反而失去了真正取得成功的可能。

　　人与人之间的差异，决定了哪怕是同一条路途，也需要不断地做出不同的选择与调整才能够继续，这也就是所谓的殊途同归。那些只懂得跟在其他人身后，别人怎么做自己就怎么做的人，完全没有属于自己的决策，怎么可能成功？

同样的一道菜，摆在一些人面前是难以想象的美餐，摆在另一些人面前却可能只令他们厌烦；同样的一道沟壑，身高腿长者一步就能迈过，而体弱多病者，就必须要寻找桥梁去越过。成功是不可能被简单地复制的，只有拥有属于你自己的决策，才有可能实现成功的目标。

成功需要一些共性的品质

成功不可能被复制，但细心的人能够发现，那些取得成功的人身上，总是会有一些共性的品质。

青年学生每天都面临着作业和考试的烦恼，也总是会羡慕那些成绩优秀的同学，但是你有没有仔细地观察过，这些同学是否也有着一些共同的特点呢。

大多数成绩优秀的孩子，都有着一些共同的品质，例如勤奋、善于总结、课堂注意力集中、积极和老师互动等。这些品质不像是个人的智力和天赋，难以后天获得，他们都是通过自己有意识地培养，通过一段时间的努力和积累，才获得了勤奋、专注、积极这些品质。

成绩的优秀不代表成功，但其中的道理是共通的。成功的道路总不可能一帆风顺，遇到挫折、困难，就必须依靠自己的力量去战胜这些问题。所以，每个成功者身上，几乎也都有着诸如勤奋、专注、勇敢、耐心、毅力、自信等优秀的品质，正是这些品质帮助他们在遇到困难时能够迎难而上，遇到挫折时能够越挫越勇，面对暂时的胜利能够不骄不躁。对于成功者而言，天赋、聪慧的确是很大的助力，但相比之下，这些优秀品质才能真正决定他们的前途能走多远、能走多久。

用好模仿，你可以快人一步

聪明的人，总是能够抓住事物的关键，摒弃掉细枝末节和不切实际；蠢笨的人，总是抓不住重点，一番盲目地横冲直撞之后，发现自己还是停留在原地。

成功没有捷径，但也有着更好的方式和方法。模仿成功者的一言一行，完全的东施效颦，只能贻笑大方，错失真正属于你自己的机会。但是模仿成功者身上的优秀品质，却能够开阔你的视野，带给你不一样的选择。

每个人出生时都是一张白纸，需要自己在后天不断学习和成长，在白纸上描绘出属于你自己的各式各样的图案。模仿成功者的行为，就像是模仿对方在自己的纸上画下的画作，即便你再如何尝试，都不可能画得和原版一模一样，而毫厘之差，呈现在整张画作上就有了高下、优劣的分别。即便有人可以做到以假乱真，肉眼莫辨，但是赝品永远只是赝品，不可能拥有真正的价值。

学习成功者的优秀品质，就像是学习他们的笔法和画风，掌握他们的意境和思想，画出饱含有自己思想和感情的属于你一个人的作品。

同样是模仿，对象不同，效果自然就不一样。模仿是把双刃剑，用得不好，就会模仿到那些不可能属于你的东西，最终徒劳无功；用好了，就能带给你更多的指引和启示，帮助你更快地找到属于你自己的道路和方向。

青少年朋友们，请善用模仿，模仿那些成功者身上的一些优秀品质，这样能让你节省更多的时间和精力，更快地拥有某些成功需要的特质，走向成功之路。

如何提升行动力

大多数人面对着手头的任务时，总会出现缺乏行动力的情况。同样的一件事情，是否拥有行动力，带来的是完全不同的结果。积极行动的人，往往可以做得更出色，缺乏行动力的人，经常以失败告终。那么，如何找到自己的行动力呢？

"为什么"先于"怎么办"

在日常生活中，人们会用"为什么"和"怎么办"来控制自己的行为。这其中，"为什么"指的是你做事情的动机，"怎么办"指的是你使用的方法。

不妨思考一下这样一个问题：做事的动机和使用的方法，你觉得哪个会对成功产生更大的影响？

大多数人都难以第一时间确定这个问题的答案。那我们不妨换一个角度：你是否注意到，有些事情你明明知道该怎么做，却不会采取实际行动？

你知道该用什么方法去完成一件事，但是却不知道为什么要去做，最终的结果就是你没有做成这件事。因此，做事的动机应该提前明确在找到方法之前。

多问问自己为什么，也可以让你把注意力集中在自己更关心的问题上。例如面对着工作，你可以问自己："为什么我不能多尝试一些新的方法呢？"这时你的大脑就会开始思考，并把注意力集中在发现新的工作方法这件事情上。

当然，遇到问题首先思考问题的解决方法也没有错，这也是达成任何目标的过程中不可缺少的环节。如果不先去想明白自己为什么要去解决这个问题，没有找到自己做这件事情的动机，仅仅是思考解决事情的方法，那么大多数情况下，你的思考会无疾而终。只有当你明确了自己思考解决方法的意义，你的思考才能继续下去。

明白自己做事的动机，掌握如何去做事的工作方法，才能完美地做好一件事情。在这个过程中，两者缺一不可，相辅相成。不过你需要注意的是，尽量确定自己做事动机要先于寻找解决方法。

把"想要"变成"一定要"

要让事情改变，你必须先改变自己。要让事情变得更好，你必须先把自己变得更好；要让你的目标达成，要让自己快速突破，你就必须快速地改变你自己；要让你的目标可以达成，要让自己可以突破，你就必须找到方法。

但突破的方法很多，关键在于你的意愿够不够强烈。99% 的意愿加上最好的方法，不一定有效，因为 1% 的可能你会放弃。一个人没有方法，但是意愿非常强，那他迟早会找到方法。改变先是靠意愿，之后才是靠方法。

当一个人决定要做一件事情的时候，即使暂时没有方法，也会绞尽脑汁地想出一个方法，哪怕这个方法不是很有效。可是当一个人意愿并不是很强的时候，就会没有动力。很多心理学家一直在研究青少年有哪些问题，其实他们的问题只有两种，一个是态度的问题，一个是技巧的问题。青少年朋友们可以问问自己：自己到底是态度有问题，还是技巧有问题？

假如你的技巧有问题，那是你所用的方法不合适；假如你的态度有问题，那就是你个人不够进取。当一个人不愿意做、不想做，那就没人可以帮助他取得进步。

一个人能够成功地完成某件事的关键就在于他有没有决定现在要去做，只要你现在要，确定要，就一定会有方法的。只要你相信你能，你就一定做得到。所有的事情和目标，只要你足够渴望，你就有很大机会实现。

所有的障碍也一样，你还没有突破，是因为你还不够积极；你还没有突破，是因为痛苦不够多；你还没有突破，是因为突破的快乐不够多。只要你能够运用追求快乐、逃离痛苦的力量来影响自己，你的行动力一定会倍增的。

发现你最大的动力

很多人没有办法去行动，还是因为老问题：不知道自己到底想要什么。

假如你确定今天要去买一套英超联赛中曼联队的正品球服，价值1000 块。当你去店里看，如果有的话你肯定就会立刻购买；假如你不是很确定，那就会犹豫不决。一个人没有办法突破，没有办法行动，是他不了解行动力的来源。

事实上，一个人的行动力通常可以归纳出两点来源：第一点就是为了追求快乐，第二则是为了逃离痛苦。因为很多人害怕失败，害怕被拒绝，所以他们不敢去行动。假如你不行动，那么你会成功吗？显然肯定不会。你不去努力学习，成绩会提升吗？不会。既然知道不会，为什么不去付诸行动？关键就是因为这些人对失败的恐惧胜过了他们可以得到的成就感和快乐。

逃离痛苦对人的影响要比追求快乐大得多。就如同每一个人都想要成功，可是当他每次去努力之前，满脑子里想的是失败了之后的悲惨模样，这种恐惧就磨灭了他想要成功的欲望。

想要战胜这种恐惧，可以试着先从最坏的地方开始想，然后再想万一我现在就行动的话，这可以带给我多大的好处，比如会使我很快乐，可以使我更快地走向成功，更好地实现自己的人生理想……这样你内心的快乐就能战胜对失败的恐惧。

当你先给自己痛苦，再给自己快乐的时候，你就觉得这个行动是值得的。这可以说是获得动力的一种方法。不管是出于追求成功后的快乐，还是为了逃避由于停步不前而导致更加挫败的恐惧，都可以让你获得自己需要的动力。

游戏教育也能玩出天才

每当家长们听到"游戏"两个字，无不是全身一震，恨不得立马把这个词语从孩子的身边远远地驱赶走。游戏，似乎总是意味着浪费时间，影响孩子的成长。但是，哈佛大学的教育始终遵循着快乐教育的理念。这一观念的表现形式就是引入各种有益于孩子智力开发的游戏，通过游戏营造出的轻松愉快的氛围，潜移默化地实现对孩子的教育。

用游戏激发创造力和主动性

快乐教育观念在哈佛很早就已经产生了，游戏只不过是其中的一种方法。在世界范围内，相当一部分老师和家长，已经认可了游戏在孩子教育中所起到的积极作用。这些家长、老师认为，让孩子以自己喜欢的方式去玩一些设计好的游戏，可以激发出孩子们的创造力和主动学习的能力，这些能力比取得高分的成绩更为重要。

历史上的众多天才，他们的成就有些就来自于自己幼年时期的游戏。儿童对于世界上的所有事物都充满了好奇，正是这种好奇心所产生的兴趣，使得他们向着世界伸出了自己感知的触角。随着孩子知识的逐渐积累，他们对于世界的这种好奇就会逐渐地减少，随之而来的就是学习的动力越来越小，直至消失。

兴趣不仅是儿童的学习动力，也是成年人的学习动力，那些渴求知识的人，一定对这些知识拥有着强烈的好奇和兴趣。如果一个孩子在自己的童年时，承受了过于繁重的学习任务，孩子就很容易对学习产生一种厌恶的情绪，从而危害到日后的成长和发展。

对于孩子而言，最佳的诱导学习方式当然就是游戏。一个好的游戏可以培养出孩子的想象力和社会实践能力，是孩子树立创新精神的起点。一切的创新都开始于发现问题，而发现问题的途径应该是自由的，游戏活动恰恰就给孩子提供了这样一个自主、自由、自在的空间。

游戏中更能展现孩子的天赋

在游戏中，孩子往往可以展现出自己内心最真实的一面。无论孩子在游戏中获得多少知识、发挥出什么样的能力，还是怎样去想象，都不过分。游戏就像是动物的本能，人体内潜藏的各种各样的天赋，都可以在游戏的过程中很好地被一一激发出来。

比尔·盖茨小时候，他的祖母很喜欢和他一起玩游戏，特别是一些智力方面的游戏，例如国际象棋、桥牌之类的游戏。在游戏中，他的祖母总是鼓励小比尔多去思考，常常因为一步好棋或是打出一张好牌而对小比尔拍手叫好。有些时候，祖孙二人在街上散步，也会有意识地交流一些下棋的技巧或者某篇佳作，让小比尔主动地去思考更好的方法或者表达更独到的见解。通过这种游戏过程中展现出了天赋，比尔·盖茨的祖母有针对性地去做相应的训练，所以才有了比尔·盖茨在大学中的电脑上的才华展现。

孩子在玩游戏时，家长们要更多地投入自己的关注，主动地发现孩子在某些方面展现的天赋，并且通过有针对性的游戏，让孩子能够主动地去锻炼自己的这方面天赋。如果只是认为游戏浪费时间，那很可能就会错过最好的启迪天赋、锻炼天赋的时机。

发现孩子的天赋十分重要，早一天发现，就能够取得更大的发展机会。作为家长，采用合适的游戏方式，去主动地发现孩子的天赋，而不是被动地等着孩子自己去体会，这样才能够让自己的孩子变得更加优秀。

学习也可以变成游戏

世界著名的教育先驱塞德尔兹对自己儿子的教育就是通过各种游戏来进行的。为了激发出孩子各方面的潜能，他设计了多种多样的游戏，比如绘画游戏、音乐游戏、造型游戏、语言游戏、表演游戏、智力游戏等。通过这些不同的游戏，使得孩子的天赋被一一地发挥出来。

曾有一次，小塞德尔兹独自在院子中玩耍，他喜欢玩一种名叫开火车的游戏，他把一些木块串在一起作为车厢，自己拉着绳子装成火车头。他玩得极其认真，甚至还会在每一站都报出站名。

玩得不过瘾，小塞德尔兹想要加上几节车厢，可木块都用完了，他就想起来新买的两块磁铁。可当他拴好一块之后，另一块却怎么也不肯乖乖地靠在第一块的后面，仿佛是着魔了一样。

过了一会儿，他大叫起来："爸爸，快来看，这个磁铁有魔法。"

塞德尔兹过来后，趁机教育儿子："这个不是魔法，而是磁铁的一种特点，叫作磁性。磁性会同极相斥、异极相吸。你把两个同极相斥的端放在一起，自然会互相分开了。不信你反过来试试。"

小塞德尔兹急忙试了一下，果然牢牢地吸在了一起。惊奇之余，他又问道："那为什么磁铁会分同极异极呢？为什么会相斥和相吸呢？"

本来只是一个简单的游戏，孩子却在这个过程中，找到如此多的学习的机会，而这种学习还是孩子主动发起的，将会带给他更深刻的记忆和理解。

孩子往往不会对课本上的知识感兴趣，就是因为这些知识太过于枯燥，不够形象。在很多精心设计的游戏中，却能够把这些知识穿插其中，让孩子通过游戏的过程发现问题，进而产生好奇心，主动去学习知识。

别让艺术天赋在幼时被埋没

"我哪有什么艺术天赋啊？""我对艺术那就是绝缘体嘛。""我这个人一点艺术细胞都没有。"你是不是经常听到甚至你也说过这些话语？现在的很多家长，的确错过了最好的启蒙阶段，所以导致了自己没有开发出艺术的天赋，但是对于现在的青少年朋友而言，儿童少年时期正是开发艺术天赋最好的时机。

站在"排头"的艺术天赋

艺术天赋，在人的一生中所展现的所有天赋中，是站在最为"排头"的。所谓的排头，指的是人的艺术天赋会在你年幼时就能得到显现。

哈佛大学的著名教授加德纳，创始性地提出了多元智能理论。在他的早期著作《智能的结构》一书中曾经提到过，一个人所有可能具有的天赋中，艺术天赋是最早出现的。著名的教育家达尔克洛斯更是坚定地称，所有人在艺术上都有着一定的天赋，这种天赋存在于每个孩子的自然本性中，而艺术才能的高低取决于一个人内在的艺术性有没有被充分地挖掘出来。

其实，我们身边的很多例子也都证明了，儿童时期的艺术天赋是普遍存在的，儿童对于音乐、绘画等方面的领悟能力、接受能力、表现能力等都超过了成年人。

约翰·费尔阿本德博士是美国早期儿童音乐舞蹈教育研究中心的主任，全美国柯达依学会主席。他认为，艺术能力是一种可以通过学习获取的能力，所以艺术教育应该尽可能早地开始进行。以音乐为例，已有研究表明，当儿童处于缺少音乐教育的环境时，他们记忆和辨别两个先后出现的旋律的能力在5~6岁时大幅下降，而在6~9岁时下降的幅度逐渐减缓，9~18岁之间几乎不再变化，即便九岁之后你进行大量的音乐训练，变化也会几乎看不出来。

在音乐教育较好的环境中时，儿童5~6岁时的音乐能力就会有很大的提升，六岁之后提升会逐渐减缓，但仍会逐年上升。因此，儿童的艺术天赋不仅显现得最早，而且消失得也很快，如果不能抓住最好的时机去进行相关的训练，那无疑就是浪费了孩子的艺术天赋。

发现孩子的艺术天赋

艺术才能是天赋和教育的结果，如果家长及早地发现自己孩子的艺术天赋，并及时地加以正确地培养和指导，就能培养出孩子的艺术才能。因此，家长要在孩子的日常生活中观察和发现孩子的艺术天赋。

家长需要注意的是，孩子的艺术天赋首先表现在他们的兴趣之中。当你的孩子对某一项艺术活动表现出一种强烈的、不可遏止的兴趣时，那就很可能表明他具备该方面的天赋。曾经有位钢琴神童，在他刚学会走路时，就会沿着墙角走到邻居家的钢琴旁，聆听别人的弹奏；一些有某种绘画天赋的孩子，总喜欢利用一切机会涂涂画画；一些有舞蹈天赋的孩子，他们会特别喜欢跟随音乐舞动，而且动作还十分协调；一些有着创作天赋的孩子，在很小的时候就能不时地说出两三句自编的儿歌。因此，家长们要特别注意自己的孩子对哪一种艺术形式感兴趣。兴趣最直接地反映出孩子的艺术天赋。

孩子们的所有这些表现都是有判断价值的，家长应及时发现，并及早加以有计划地培养，让他们增强对艺术的理解和感受，还可以让他们多参加一些艺术交流，增强对天赋的激发。

不要忽视家长的参与

对于儿童的艺术天赋开发，不仅仅要趁早进行，而且还要重视家长参与的作用。

在当下的中国儿童的艺术教育中，大家往往会忽略十分重要的一点，那就是家长的参与性。很多家长也会抱怨，自己哪里有能力去教孩子弹钢琴或者演奏吉他呢？有些家长认为，自己的工作和生活压力大，时间都很紧张，不可能像国外的那些家长们一样拥有大量的空闲时间。

的确，这些都可以算作是合理的借口，但是借口永远都是可以被克服的。对于家长们而言，孩子的成长可以算得上是家里最大的事情之一。如果你不能做到像国外的那些教育家们一样，亲自去教导孩子艺术，那至少可以做到和孩子一起去学习。

当家长同自己的孩子一起去学习艺术，一起去讨论艺术时，那将不仅仅只是一次共同的学习，更是一项加固家庭亲情纽带的重要活动。有些成功人士回忆起自己的童年印象最为深刻的，往往是和父母一起安静地阅读，或者一起欣赏音乐、一起绘制画卷的场景。

父母同孩子一起学习的另一个好处，就是可以让早期的艺术教育中那些枯燥的部分变得更能让孩子忍受。当孩子在学习中遇到困难，或者无法理解一些内容时，父母通过一起学习后在家对孩子进行相关的指导和交流，就可以帮助此时理解力尚不足的孩子，增加他们对于艺术学习的信心，帮助他们渡过这一道难关。

家长们不妨和孩子一起参与学习，让这温馨场景烙印在孩子的脑海中吧，既然智力的开发和亲情的培养能够在艺术教育中合二为一，那又何乐而不为呢？

拥有积极的好胜心

生活和工作之中，总是有着两类人，一类人仿佛有着无穷的动力，能够始终朝着自己的目标前进，不达目的誓不罢休；另一类人则总是瞻前顾后，想去努力却又担心太多，最终时间都在蹉跎之中被浪费了，一事无成。为什么会有这两类人的存在？那是因为他们拥有不同的好胜心。

好胜心让你难以被击败

在田径赛场上，有一种有意思的现象，这种现象在短跑比赛中表现得最为突出。并不是每一场比赛，场上的所有队员都能拥有相互接近的实力。往往一位世界顶尖的短跑运动员，会和其他一些名不见经传的运动员同场竞技。

比赛的结果自然不会有悬念，顶尖运动员总是能用让人望尘莫及的速度，第一个撞线。但是奇怪的是，这种情况下，这名顶尖选手的成绩却远远差于自己的平均水平，甚至看上去完全不像是同一个人所取得的成绩。

经过研究，并不是这些运动员的身体状态不好，也不是场地不佳，而是缺乏足够分量的对手时，大多数人的心中都会产生懈怠感。当一个人懈怠之后，即便他再如何努力，实际发挥出的实力都不会达到自己应有的水准。

但是对手并不会为你量身定制，如果其中出现黑马，那就会出现逆袭的局面。黑马大多意味着超水平地发挥，这种发挥的基础就在于好胜心，相信自己不比任何人差，相信自己拥有可以战胜所有对手的力量，并且任何情况下都保持着激情和努力，这就是好胜心带给人的精神特质。

拥有着强烈的好胜心的人，从不会轻易地被现实击倒，他们总是能够不断地让自己从失败中站立起来，继续向前冲。很多情况下，失败是成功前必须经历的阶段，那些没有好胜心的人，并不会为了成功而真正投入进去，往往一次两次的失败，就会让他们打退堂鼓，而好胜心强烈的人，无论失败多少次，都不会阻挡他们的前进，也只有这样的人，才难以被击败，才能够最终取得真正的成功。

好胜心带来无穷动力

拿破仑有一句举世闻名的名言："不想当元帅的士兵不是好士兵。"而一个不想当元帅的士兵也永远当不了元帅。

好胜心强的人，更愿意通过自己的努力，比别人学习得更好、工作得更出色，在事业上有更大的建树，为社会做出更多的贡献。在这种好胜心带来的动力的驱使下，他会更加执着地追求成功，从而做到一往无前、义无反顾，并且积极地提高自己的竞争能力，以便超越他人。

只有爱拼的人才会赢。如果一个人只是安于现状、不思进取，势必会导致自己停滞不前，又何谈获得成功？有些人因为害怕改变可能带给自己一些不稳定的未知因素，而拒绝去改变，总想着与其头破血流不如苟且偷安。这是一种消极的心态，它使人逃避挑战，失去尝试新经历的机会，也是一种对个性的压抑，使个人的潜能无法得到发挥，也会严重阻碍个人心理的健康发展。

正是因为人们不满足于自己已经取得的成就，不满足于某一领域现在已经达到的水平，人类才能不断进步，科学才得以发展。一个具有好胜心的人，总是有着无穷的动力，去向世俗挑战，向未来挑战。

新的世纪是人与人之间不断竞争的世纪，它充满了机遇，也充满了挑战。如果没有竞争的意识，没有面对挑战的勇气，你就会被新的时代所淘汰。好胜心可以让人拥有追求成功的无穷动力，它能够带给人上进心、进取心，会让人通过提高自己来实现对他人和自己的超越，最终实现自己的人生价值和理想。

如何激发你的好胜心

对于想要成功的人而言，好胜心是必不可少的。对于广大青少年朋友们来说，好胜心将决定你们以后的人生高度和广度。

想要培养好胜心，我们首先应该适当地提高自己的目标。一般来说，好胜心的强弱与目标成正比。那些把目标定得比较高的人，通常也具有更加强烈的好胜心，而那些不敢定目标，或者总是喜欢定简单目标的人，好胜心就比较弱。不过这也有个限度，过高的不切实际的目标也不利于培养出良好的好胜心，所以，只有在合适的范围之内，尽可能定出适当的目标，才有助于一个人的好胜心的巩固与提高。

其次，我们应该努力去创造成功的条件和机会。心理学研究表明，好胜心也依赖于个人的成功概率。通常而言，一个人获得成功的可能性越大、以往的成功体验越多，好胜心也会越强。人们常说失败是成功之母，实际上成功也是成功之母。特别是对那些不够自信的人来说，一次次的失败只会削弱他们的好胜心，加重他们的自卑感。

最后，我们要树立一个积极的心态，坚信你的未来不是梦。人的一生只有不断追求，不断进取，才有意义。获得成功可能会有不同的方式，但也必须遵循相同的原则，那就是远大的理想、务实的脚步、不懈地追求以及永不言败的信念。只有拥有强烈的好胜心，你才能够不服输、不放弃，也只有永不言败的精神气质和永不放弃的意志品质，才是一个人成功的关键。

第七章
努 力

努力的方式需要不断优化

选择安逸还是成长

凌晨四点半，在整个美国都陷入睡梦中时，却仍然有这么一批年轻人活跃在哈佛这座教育圣殿的自习室中。他们难道不知道困倦和疲劳吗？不是的，人不是机器，总是需要休息。但哈佛的学子们，对于学习有着狂热的激情，他们把休息看作是浪费生命，把学习看作是人生的升华，所以凌晨四点半的哈佛自习室，总是会被那些勤奋的学子们填满。在这些学子眼中，他们无法接受慢吞吞地获取知识，而是要充分利用每一点时间，他们也不怕辛苦，只怕自己失去最好的成长机会。

奔跑让你的人生提速

有这样一个故事：两个人在街上闲逛，突然下起了大雨，路人甲拔腿就跑，而路人乙却不为所动，还是坚持原来的步调。路人甲很好奇地问："你为什么不跑呢？"路人乙说："为什么要跑，难道前面就没有雨了吗？既然都是在雨中，我又为什么要浪费力气去跑呢？"

易地而处，你会成为哪一个？是努力奔跑的路人甲，还是淡定如初的路人乙？他们谁都没有错，唯一不同的只是人生的态度而已。其实，人生并没有完全的对错，每一步都是自己的选择，也会带来相应的结果，但不同之处在于，我们要为自己造成的结果负责而已，这个结果就是每个人不一样的人生。

人都有懒惰的倾向，也都会向往安逸的生活。一个微风习习、凉爽宜人的夜晚，每个人都会希望自己能够躺在松软的床铺上，美美地进入梦乡，但是睡觉不能让一个人成长，贪图床铺的安逸、用睡梦来安慰自己的人，也只会错过更多提高的机会。

安逸往往等同于逃避，一个总是习惯逃避的人，会变得消极被动，未战先输，忍让妥协，丧失机会，他的人生一眼可以望到头，他在生活中也会变得甘于平庸，不思进取。

奔跑会让人变得很累，就像是凌晨四点就已经强迫自己起床去自习的哈佛学子们，他们并不是感觉不到辛苦，而是用这种奔跑起来的人生态度，去追求自己的理想。一个人能够努力地奔跑，那他就没有后悔、没有抱怨，能够勇敢地面对，无所畏惧，心中也会充满理想，对人生充满希望。

一位伟人曾说："人生要学会知足，但是不要轻易满足。"知足的人生可以让一个人体会到什么是幸福，发现什么东西值得他珍惜，而一个人的不满足，可以让他发现自己还可以做得更好，还可以更进一步。当一个人发现自己还有很长的路要走，发现前方有着更大的机会时，奔跑就是最好的方式和态度。

人生短短数十载，安逸也好，艰辛也罢，不过是过眼云烟。奔跑不能够提高你人生的长度，但却可以扩展你人生的广度，就像哈佛凌晨四点的自习室，里面的人都在不停地奔跑着，跑向人生的更高处。

人要有拼搏精神

人生道路上，充满了曲折坎坷，每一名成功者都拥有一种叫作拼搏精神的优秀品质。

什么是拼搏精神？就如同平静的湖水永远不会奏出壮美的乐章，只有澎湃的大海才会给人以雄壮的感觉；柔韧的水，只有不断地撞击礁石，才会将美丽绽放，而这就是拼搏精神。

人生一世，总要有所追求，要有自己的志向。如果你是水，就应该成为波浪；如果你是土，就得筑成大山。很多人都会渴望得到学业、事业的成功，渴望生活的温馨，渴望为社会、为人类做出自己的贡献。可惜的是，很多人的愿望都破灭了，只有少数人可以成功，而那少数成功的人，靠的就是拼搏，唯有在人生的旅途中，用自己的身躯去拼搏、去奋斗，才有可能实现自己的理想。居里夫人探索科学的奥秘，革命先辈浴血奋战，他们的成功全都是建立在"拼搏"二字上。

一些人不敢去拼搏，因为拼搏是痛苦的。为了实现自己的理想，就需要付出巨大的代价。当看到身边的人都过着安闲舒适的生活，而自己却为了理想而长期艰苦奋斗时；当看到鲜花在招手却不能驻足欣赏时；当持续地承受巨大痛苦时，拼搏还能否继续？那些伟人，就是在这样的痛苦考验中，继续着自己拼搏的旅程。也只有经得起痛苦的考验，才能走到成功的彼岸。

拼搏还要接受失败的折磨。孟德尔为了研究出遗传规律，足足用了八年时间；马克思为了写出《资本论》，用尽了毕生精力。成功的道路上，他们经历了无数次失败的折磨，但真正勇于拼搏的人不会被吓倒，他们的理想会产生力量，激励他们继续在人生征途中奋勇前进。

在人生的旅途中，人们都需要拼搏精神：艰辛的创业中，创业者需要拼搏精神；在学海的奋斗中，学子们需要拼搏精神；在那激情燃烧的运动场上，运动员更是需要拼搏精神。如果没有拼搏，比尔·盖茨就不能将微软打造成软件行业的先锋；如果没有拼搏，刘翔就无法改写中国培育不出短跑精英的历史。

每个人都渴望成功的收获，却往往忽视拼搏这一过程。拼搏是一种精神，拼搏是满腔热情，拼搏是不竭动力，拼搏是人生壮举。只有拼搏，人生才能绽放出光彩；只有拼搏，才能让一个人发挥出智慧的潜力；只有拼搏，青少年们才能实现远大的理想。

青少年朋友们，在自己人生的征途中努力拼搏吧！当你们学会用舍我其谁的勇气为帆，以献身理想的信念为龙骨，以自强不息的拼搏精神为桨，你们就能够驾起人生的巨轮，驶向成功的彼岸。

自习时，防止被外界的事情打扰

青少年朋友们在自习的过程中，总是会遇到各种各样外界的干扰，它们萦绕在你的周围，试图动摇你的耐心，让你停下手中的事情，陪着它们捉迷藏。这些干扰大多以各种各样的诱惑存在，当你留意到它们时，它们就开始不断地分散你的注意力。而那些能够不被任何事情打扰到的人，往往能够更快地走到所有人的前头。

专注让你走入快车道

对于成功而言，是不存在捷径的，必须要通过脚踏实地地努力，才能一步一个脚印地走向成功。但专注却是特殊的一种品质，它可以让那些成功者走在捷径上，总是能够快人一步。

专注，意味着注意力的高度集中，意味着精力在朝着某一个方向全力地释放；专注，意味着你此时心无杂念，整个大脑的全部动力，都集中在眼前的事物之中；专注，仿佛具有某种不可思议的魔力，能让你在不知不觉中，就走入了学习和工作的快车道上。

青少年朋友们肯定有过这样的经历，当你在学校里自习时，身边同学写字的沙沙声、教室空调的嗡嗡声、偶尔个别人的咳嗽声，甚至是自己的喘气声，都会让你觉得备受干扰，无法专心地去学习。在放学回家后，当你趁着父母下班前，忙着玩两把游戏时，哪怕此时有人在楼下大喊大叫，都不可能引起你的丝毫注意，有时父母都已经打开门进来你都没留意，最终少不得一顿说教。

你还是你，但在教室和家中，却有着不同的情况出现。这就是专注的魔力。当你专注于某件事情时，你的脑海就会自动地把其他无关的事物过滤掉，只剩下对你完成这件事有帮助的功能存在，此时的你，会感到头脑倍加灵活，效率也得以大大地提高，而当你无法专注于眼前的事情时，各种念头纷繁而来，效率就大打折扣。

两种不同的情况，会导致效率的天壤之别。专注的人，一个小时就可能完成那些不专注的人一整天的工作内容，两个人的能力并没有太大的差别，只是因为态度的专注与否，就差了数倍的距离。所以，当你能够一直保持专注时，相比于别人就像是踏上了一条更快的捷径一般。

无论做什么，都要分清主次

做事的过程中，分清楚自己需要完成事情的主次，很大程度上也能够决定你最终的高度和广度。

对于青少年朋友而言，学习就要有学习的样子，玩耍也需要玩得尽兴，这就是所谓的学得认真、玩得痛快。学习时间，你的主要任务应该只有学习，不论多么想要出去玩耍，都要能够控制住自己专注于学习；课余休息玩耍时，也不需要再去思考自己学习上的那些问题和不足，只需要尽情地放松自己，让自己的精力得到最大限度的恢复。

这样的人就属于能够分清主次的人。对于这些人而言，不论从事什么事业，都能够最快地进入角色，并减少自己受到的干扰，尽可能地提高效率。

人的精力总是有限的，当你尝试着关注所有事情时，就意味着你所有的事情都无法真正做到最好。能够把事情做得最好的永远是那些分清楚主次的人。他们懂得自己什么时间需要去做什么，这样就能够把精力集中于一处，让有限的精力发挥出更高效的作用。

这就如同自习的过程中，如果你总是因为一点点的声响，就忙不迭地四处查探出现了什么事情，如果你总是好奇自己身边的好友是否已经完成了作业，如果你一直留意窗外有没有老师经过，那你就是分不清主次。在自习时间里，你需要做的唯一一件事就是认真学习，其他的事情自然会有其他的时间让你去了解和处理。当你需要学习时不去学习，不需要学习时却还念念不忘自己的错题，那最终什么都无法做好。

认准目标后，就不要轻易动摇

不想当将军的士兵不是好士兵，而想当将军却又总是动摇的士兵，更不是好士兵。当一个人确定了自己的目标后，除非真的出现了某些意外变故，或者现状发生了根本的转变，否则一定要坚定地执行自己的计划，完成既定的目标。

那些容易动摇的人，会更轻易地被外界所干扰和诱惑，一点点的变化，都可能在他们的心中激起巨大的波澜。对这些人而言，目标毫无存在的意义，因为他们总是会被外界干扰，改变自己的目标。就像在大海中行船，不断地调整船舵的方向，就只会在原地打转。

青少年朋友们要在自己的学习和生活中，去试着让自己拥有更加坚定的决心。当你在自习时，不妨给自己定下一个目标，无论身边发生什么事情，在下课铃响起之前，都要把所有的注意力集中在课本上，集中在作业上，不能被任何事情打断。一开始你肯定难以做到，因为少年的天性，让你总是会忍不住好奇，但你一定要坚持下去，时间长了，你就会发现自己变得更加的专注，更难以被外界打扰，这就是坚定的态度带给你的改变。

对于一个人的一生而言，因为年幼的单纯，也因为年幼的毫无压力，少年时的自习在成年后看来更像是过家家。当你能够主动地去给自己定下目标，让自己在自习时不被任何事情打扰，能够专注于这件事情，那么在你长大后，这份坚定就能带给你更多的帮助。成功的人都有着认准目标一直坚持下去的勇气，因为哪怕是一丝丝的犹豫，都可能让你错过最好的时机。所以，青少年朋友们，从现在开始，让自己变成一个自习时不会被任何事情打扰的人，这对你的一生都有着莫大的好处。

提升效率，而不是记录投入的时间

不论是工作还是学习，很多人都会强调要保持足够的时间投入，才能取得更多的产出回报。因此，不论是自习还是加班，都被一些人奉若神明，认为这种方式才是成功的最佳途径。不错，如果不能投入足够多的时间，那成功必然是空中楼阁，无法立足。但如果太过迷信"用功"的神奇效果，那就很可能会发现，成功和"用功"并不是永远成正比。

效率的重要性

青少年朋友们，不妨问自己这样一个问题：我的学习效率高吗？

效率是个看不见摸不着的东西，它不像用功一样那么显而易见，但它的作用却非比寻常。比如，一个孩子在上课的时候不认真听讲，一边学习一边玩，放学回家后虽然在作业上耗费了大量时间，每次依然能够很好地完成；另一个孩子，每天上课时听得非常认真，放学后作业写得很快，完成后再去玩耍。两个孩子，看似每天都是学习加上玩耍，没有什么不同，但往深处思考，这其中有着巨大的差别。

第二个孩子，因为课堂上的认真，所以更能够抓住老师所讲的知识重点，于是可以更好地理解作业，完成作业；第一个孩子，在课堂上并不辛苦，回家后面对作业时，虽然也能够按时完成，但是平白地耗费了更多的时间去从头学习一遍，而且此时没有了老师的指引，效率大打折扣。

两个孩子的差别就在于个人效率的差别。同样的一件事情，只知道努力用功地去做，而不去思考如何更好地更高效地去做，那么很可能就会变成第一个孩子那样，用了更大的力气，却不能够比别人做得更好。

效率更高的人，相同的时间内就可以比别人完成更多任务，学到更多的知识。联合国教科文组织也有两个明确的观点：当今青少年教育的内容，应该保持80%以上都是方法教育。在教育中，方法比记忆知识更加重要，而方法是提高效率的根本，拥有好的学习方法，才可以更好地提高效率。

未来的文盲不再是目不识丁的人，而是没有学会怎样学习的人。提高学习效率是培养跨世纪的新一代创新型人才的根本需要。现在，全社会正处在科技迅速发展的时代，知识的更新日新月异。人们只有具备获取新知识、新技能的学习能力，不断更新自己的知识结构，才能保持进步，才能为社会的发展做出一份贡献。正是因此，世界各国为了培养创造型人才，都在进行教育改革，都非常注重培养学生的学习效率。

效率的重要性越发地在先进的社会上凸现出来，没有效率的人，即使十分用功，仍然不可能变得出色，因为这个世界上总会有比你更用功的人。即便你已经做到了用功的极致，依然无法阻止其他人用高效率的提高轻松地超越你。就像是两艘船在航行，你的动力不输给另一艘，却无法把动力有效地转化为前进的速度，那如何能够在这场比拼中获胜。人生只有一次，效率无法提高，那就意味着你只能吞下失败的苦果。

学会提高效率

如果想变得更加有效率，首先，你必须很好地利用时间。其次，你必须让你的时间更有效率。

如果你认准一个问题，投入全部精力去解决它，这样你的效率是最高的。但这个想法很难做到。即使你决定抽出很长一段时间去全身心投入到某个问题中，但是还有很多其他的事情，都需要你花费时间去解决。很多时候，你不得不打断自己的专注，投入到琐碎的事中。

不过这也并不是坏事，过长时间的集中精力会让人感到疲惫，效率反而不高，不妨把这些时间利用起来，去完成那些不那么重要却又必须要做的事情，这也能让你在卡壳或是厌烦的时候有其他的一些事可以做。如果你同时做许多不同的工作，那你就会得到更多的想法和创意。

这种分层次的时间利用方式，可以明显提高你的时间效率，让你最大限度地利用时间。

像上面那样最大限度地利用时间还远远不够，更重要的是提高你的单位时间的利用率。可以试着随身携带纸和笔，这样可以随时随地记录自己的想法，提高自己对碎片时间的利用效率。对于那些需要集中精力的任务，应该尽量避免被打扰，可以找一个安静的地方，或是告诉周围的人这一段时间不要打扰你。但一定要随时注意自己的精力，当你感到很饿、很累、很焦躁的时候，就意味着你需要休息和进食，千万不要强迫自己再坚持工作，这只是浪费你的时间。当你心里承受着压力时，也要及时和朋友、家人分享，这样便于释放压力，让你更专注于工作而不会分心。

提高效率更重要的一点是要避免拖沓。虽然很多人不承认，但是几乎所有人都或多或少地会拖沓。拖沓的原因主要是两种，一种是因为你的确很懒惰，那在你战胜懒惰之前，就不要考虑效率这个词了。另一种是因为你面临的任务过于艰巨，由于不知如何下手，导致了心理的拖沓，这种情况下，可以把任务进行细分，尽量分成不同的步骤，这样当你完成上一个任务后，就可以清晰地知道下一个任务在哪里。过于艰巨的任务，就要把它简化一下，不需要一次做完，一次完成一部分，通过一点点的积累，一样可以慢慢地去完成，而不是待在原地浪费时间。

效率的真正秘密其实在于"聆听自己"，当你饿的时候就去吃饭，当你疲惫的时候就去睡觉，当你厌烦的时候休息一下，做一些有趣好玩的项目。要想变得更加有效率，我们需要做的就是转过头来"聆听自己"。

进行有效的记忆训练

记忆是人类思考的基石，倘若一个人的脑海中没有已经记住的知识，那他就无法深思熟虑，不能定义周围的事物，也就不可能以理服人，做出正确决策，更不要提什么自主创新或是贡献社会了。记忆训练有诀窍，学会这些诀窍后，再去记忆东西时，你会节省起码一半的时间，并且可以记得更加的牢靠。

更加"聪明"地学习和记忆

锻炼记忆力的方法既是一种技巧，也是一种艺术。这种方法必须从头学起，在开始时并没有捷径可言。记忆的技巧对于青少年朋友们来说可能既新颖又陌生，这种方式最初会显得有些幼稚可笑。不过千万不要因为你从来没听说过就觉得它可笑。当你掌握了基本的记忆技巧，你就会马上意识到这些技巧有多么实用、多么神奇。

惊人记忆力的秘诀在于强大的"最初记忆力"，这一点非常重要。倘若有的人说自己忘记了去做什么事，那只能说明他一开始根本就没有记住，而根本就没有记住的事情，更谈不上会"忘记"了。一个人大脑中的任何第一时间就能记住的事情，都会很容易被回忆起来，也不可能会忘记。锻炼"最初记忆力"就是迫使你大脑中接收到的信息能在第一时间就扎根于脑海。

无论一个人的大脑是否接受过记忆训练，有一条规则都同样适用：如果想要记住任何新信息，就必须使这条信息与你已经知道或记住的信息联系起来。这条规则便是记忆的关键所在，是记忆力的基础。其实，人的一生都在使用"联系"这个方法去记忆，因此记忆力才会存在。你记住的每一件事，其实都已经将它与其他一些事物进行了联系。

将事物联系在一起，可以称得上是记忆训练最为基础的手段，除此之外，还有很多其他的方法。当你学习了这些基础方法和技巧后，你可能会迫切地想向家人和朋友们展示你的学习成果。这样做没有什么不妥，你可以尽情地展示，展示的过程也是一种很好的练习。把这个过程当作一种游戏吧，看看你学习这些技巧方法后到底能记住多少知识和信息。以一种轻松和愉悦的心态去学习，因为这个过程的确非常有趣，而这种心态也能促进你记忆力的进步。

有关记忆的几个科学规律

艾宾浩斯遗忘规律：艾宾浩斯是德国著名的心理学家，是第一个从心理学上对记忆进行系统实验的人。他对记忆研究的主要贡献就是对记忆的保持规律做了重要研究，并绘制出著名的"艾宾浩斯遗忘曲线"。

通过曲线分析，复习的最佳时间是记忆材料之后的 1~24 小时之内，最晚不要超过两天。在这个区段内稍加复习即可恢复记忆，过了这个区段因已遗忘了材料的 72% 以上，所以复习起来就事倍功半。我们在复习功课时，有时感觉碰到的好像是新知识似的，这就是因为复习的间隔太长了的缘故。今后我们要有意识地运用这一规律，切莫以为什么时间复习都一样。

睡前醒后是记忆的黄金时段：记忆时，先摄入大脑的内容会对后来的信息产生干扰，使大脑对后接触的信息印象不深，容易遗忘，叫前摄抑制（先摄入的抑制后摄入的）；后摄抑制（后摄入的干扰、抑制先前摄入的）正好与前摄抑制相反，由于接受了新内容而把前面看过的忘了，使新信息干扰旧信息。

如何运用这一规律来强化我们的记忆呢？睡觉前和醒来后是两个绝佳的记忆黄金时段！睡前的这段时间内可主要用来复习白天或以前学过的内容，对于 24 小时以内接触过的信息，根据艾滨浩斯遗忘规律可知能保持 34% 的记忆，这时稍加复习便可恢复记忆，更由于不受后摄抑制的影响，记忆材料易储存，会由短时记忆转入长期记忆。另外根据研究，睡眠过程中记忆并未停止，大脑会对刚接收的信息进行归纳、整理、编码、储存。所以睡前的这段时间真的是很宝贵。

早晨起床后，由于不会受前摄抑制的影响，记忆新内容或再复习一遍昨晚复习过的内容，则整个上午都会记忆犹新，所以说睡前醒后这段时间千万不要浪费，如能充分利用，可收事半功倍之效。

开始超级记忆力训练

交替记忆法：又叫分布记忆法或重视头尾记忆法。这是把不同性质的识记材料按时间分配、交替进行记忆的方法。长时间单纯识记一门学科知识的效果不好，因为具有相同性质的材料对脑神经的刺激过于单调，时间一长，大脑的相应区域负担过重，容易疲劳，将会由兴奋状态转为保护性抑制状态，表现为头昏脑涨，注意力不集中，这就不利于记忆。如果这时换成另外一种性质的材料，就会对大脑形成新的刺激，从而延长兴奋状态。

自测记忆法：这是通过自己测验自己来增强记忆的方法。首先，它可以帮助我们确切了解自己的"底数。"通过经常性的自测，我们就能知道还有哪些知识没有学好、没记住，哪些地方易混淆，有误差，也就能马上核实校止，避免一误再误。其次，它可以培养我们随机应变的能力。在考试中，考题往往变换了角度，与原来学习时大不一样；在工作中，也常常会碰到这样或那样棘手的问题。如果经常运用自测记忆法，对所学知识从多方面理解消化，就能做到胸有成竹，临阵不慌，即使遇到出乎意料的问题，由于平时训练有素，也会得到很好的处理。

系统记忆法：就是按照科学知识的系统性，把知识顺理成章，编织成网，这样记住的就是一串。零散的珠子，我们一手抓不了几粒，如果用一根线把珠子穿起来，提出线头就可以带起一大串。记忆也是这样，分散的、片断的知识记得不多，也不能长久保持。把知识条理化、系统化了，就会在脑子里留下深刻的痕迹。例如，记忆圆形、扇形、弓形的面积公式时，可以这样记忆：首先抓住这三种形状的关系：扇形是圆形的一部分，弓形又是扇形的一部分，然后再把几种图形面积的公式串起来，这样记忆起来，就不困难了。

争论记忆法：这是通过与别人对识记材料进行争论探讨以强化记忆的方法。

在进行争论的时候，争论双方都处于高度紧张状态，一方面全神贯注地听取对方的意见，同时分析其中的正误；一方面积极思考，评论对方的见解，阐述自己的观点。这种情况下，信息输入大脑后容易留下较深刻的印象。

争论可以帮助我们检查记忆的准确性。通过争论，错误的暴露出来，得以纠正，从而形成正确的记忆，而正确记忆的知识也得到了检验和应用，得到巩固和强化。

争论还可以使争论双方开阔视野，拓宽思路，互相受到启发。在争论中，由于注意力高度集中，无论是听到一个新观点，还是发现一个新论据；无论是自己被驳得体无完肤，还是被对方佩服得五体投地，都是一种强刺激，都能留下深刻的印象。

事情没有做完，不离开座位

在工作和学习中，人们很难拥有完整的大块时间，很多情况下，各种突发的事情和意外的发生都会打断你的进度。有些时候，你可能会想：算了，先把手头的事情放一放，这个突发事情很容易处理，我只需要一点点时间就可以搞定。不过，事情真的像你想的那样吗？或许，你更需要让自己拥有事情没有做完不准离开座位的强迫症。

行百里者半九十

"行百里者半九十"的典故来自古老的春秋战国时期，当时的秦王依靠秦国强大的实力、有利的地形，成功地实行了"远交近攻"的"连横"政策。几年之间，六国或被攻破，或被削弱，眼看着大局已定，为此秦王逐渐放松了努力，把政事交给宰相，自己在宫中饮酒作乐，恣意享受起来。

一天，侍卫向秦王报告说，有一个年近90岁的老人，刚从百里路外赶到京城，一定要进宫求见秦王。秦王亲自接见了他。

秦王说："老人家，你刚从远地而来，路上一定很辛苦吧！"

老人说："是啊！我从家乡出发，赶了十天，行了90里，又走了十天，行了十里，好不容易赶到京城。"

秦王笑道："老人家，你算错了吧？开头十天走了90里，后来十天怎么只走了十里呢？"

老人回答说："开始的十天，我一心赶路，全力以赴。待走了90里以后，实在觉得很累，那剩下的十里，似乎越走越长，每走一步都要花费许多力气，所以走了十天才到咸阳。回头一想，前面的90里，只能算是路程的一半。大王，我们秦国统一的大业眼看就要完成，就像我百里路已经走了90里一样。不过我希望大王把以往的成功只看成是事业的一半，还有一半更需要去努力完成。如果现在懈怠起来，那以后的路就会特别难走，甚至会半途而废，走不到终点！"

秦王谢过老人的忠告，再也不敢懈怠，把全部精力都放到统一六国的大业上，最终成为中国历史上的第一个皇帝。

100里路程走了90里，只能算是走完了一半路程。当你做重要的事情时，必须要学会一鼓作气坚持到底，如果中断了，就会浪费之前所有的努力，需要耗费更多的精力。

青少年处在人生的成长时期，心理还没有定型，更加难以专注于某一件事情。经常会出现的情况是，手头的事情还未做完，或者接近做完，就被吸引到别的更新的事物中去了。然后等到某一刻，才突然想起自己还有事情没有做完，再回过头去做，甚至干脆忘了自己还有某件事情没有做完呢。

一件事情，只有做完后，才能从中得到最大的收获和进步，而没有做完的事情，即便再接近完整，它的价值都要大打折扣。就像"行百里者半九十"一样，青少年朋友们要把这最后的十里坚持走完，再投入到新的工作中去，这样才能让你之前的那些努力的价值最大化。

练就一鼓作气的风格

事物的发展都有着自身的特定规律。人所遇到的所有事情之中，有些是顺手就做了，有些则需要倾注大量的时间和精力，才能够取得进展。

当一件事情需要你坐在书桌前，去认真地处理时，那这件事情肯定不会是顺手就可以完成的那种。你可能已经在其中花费了大量的时间，此时的你，更应该不被外界所打扰，把事情全部完成后再去考虑其他的。

人在做事时有着一个特点，总是会在刚开始时效率较低，速度也会比较慢。随着投入时间的增多，在连续地处理这件事的过程中，你的速度会越来越快，效率也越来越高，这是因为你通过不间断地投入，逐渐形成了一种经验反馈，这种反馈可以大大提高你的做事效率，所以面对着自己已经建立起来的这种反馈，最好坚持下去，直到你完成这件事。

有些人意识不到这个规律，总是做不到一鼓作气，经常会在一段时间后就被其他事情所吸引或影响，中断了手头的工作。殊不知，当你中断了当前的工作时，你所建立的长时间的经验反馈也随之中断，当你过一段时间后再次开始中断的这份工作时，就会面临着重新建立反馈的过程，本来的高效率变成了低效率，大大地浪费了你的时间。

正是因为上面的这个原因，很多人会陷入这样一个误区：你的时间的确比较紧张，手头也有不少事情需要完成，为了保证这些任务齐头并进，所以你一会儿做这个，一会儿做那个，每个都不落下。看似是同时开动效率更高，实际上你在每件事情上都在不断地重复建立经验反馈，总是处于一种低效率和低速度的状态中。最终的结果，你反而不如那些一次专心于一件事情的人做得更快更好。

一鼓作气的做事风格，也能让一个人具备更加强大的耐心和毅力。

如果一个人总是习惯于不断地更换自己的任务目标，总是习惯于在不同的事情中来回跳跃，那么他的耐心必然得不到很好的培养，他最习惯的就是不断地动摇。当你不具备一鼓作气的风格时，即使是很小的困难也有可能让你改变自己的立场和方向，因为你自己的工作和生活中早已经习惯了转移和跳跃。成功的道路没有那么多的方向可以让你选择，面对困难，如果你不能战胜它越过它，那其他的道路只会让你离成功越来越远。

青少年朋友们，练就一鼓作气的做事风格吧，这样不仅让你更有勇气、更有毅力和耐心，还能让你在面对困难时，真正拥有强者的心态，这样你才能触碰到成功。

书桌杂乱，你也会变拖沓

很多人都会有邋遢的习惯，不信，此时捧着书本的你不妨抬头看一下自己的书桌，你又已经多长时间没有打扫过了？很多青少年朋友都会出现这样的问题，往往会忽视身边的一些细节，尤其是自己的书桌，用过以后就把各种书籍和文具随手一丢，懒得再去收拾。不少人还会美其名曰为"洒脱"。但一个杂乱的书桌，不知不觉之间就会对你产生不好的影响，甚至会大大阻碍你的成长进步。

杂乱环境导致杂乱心情

人是一种感情动物，在生活中会更多地被自己的感觉所影响，而这些感觉中，十分重要的一个就是环境带来的感觉。

欧洲的心理学家曾经做过实验：把一批人根据年龄、性别均匀地分成两组，让其中一组待在干净整洁的房间里，让另一组处于一个十分脏乱、无处下脚的屋子中。经过几天的连续观察发现，待在整洁干净房间中的那组人，依旧可以对人彬彬有礼，个人的情绪也都十分平静；待在杂乱环境下的那组人，大多都变得暴躁易怒，失去耐心，互相之间的争吵也大大地增多。

通过实验可以看出，环境对人的情绪影响十分巨大，不同的环境能够立竿见影地带给人不同的心理感受。一个杂乱的环境，会放大一个人心中的负面情绪，压制积极的情绪，最后会让这个人变得更为暴躁和不安，影响他的人际交往和正常生活。

青少年朋友们肯定不愿意生活在一个杂乱的家中，但是在你学习时，书桌就像是自成一体的小天地，这个小天地是整洁还是杂乱，就会切实地影响到你的心情。试想一下，当你每天都坐在一个杂乱的书桌前时，你还能够保持一个昂扬的学习激情吗？此时的你，会在心中增添了不少烦躁，只希望能够尽快离开这个环境，而不是沉浸到学习的乐趣中。

书桌看上去是个不起眼的地方，但不注意保持这个空间的清洁，同样可以对一个人产生很明显的负面影响。杂乱的环境带来杂乱的心情，青少年朋友们，一定要整理好书桌，让自己始终处于积极的心情中。

习惯拖延就会忘记前进

在工作和学习中，有这样一个有意思的现象：如果你这段时间中一直很忙，你就会更主动地去完成一些任务，虽然更忙了，但是很多事情的进度反而更快，甚至会提前完成；当你最近一直十分清闲，突然有些任务需要你去完成，虽然时间充分，但是最后往往会莫名其妙地延误时间，不能按时把任务完成。

这种现象就是人的一种心理上的惯性。当一个人习惯了忙碌和不断前进时，他就会保持着这种前进的节奏，考虑更多的是如何尽快地完成手头上的事情。这种状态下的人会保持一种积极的心态和高效的工作方式，所以持续的忙碌不但没有压垮他们，反而成了他们前进的加速器，让他们前进得更快。

那些处于安逸环境下的人，总是习惯于那种悠闲的节奏，即使有事情要做，心中所想的也不是先把任务完成，而是继续拖延一下，反正时间足够，不需要着急。这样的心态，往往导致了事情不能按时完成，错过了更好的时机。

整理书桌对于青少年朋友们而言，无疑是一件不引人注意的小事，总会想着拖延下去也无关大局，但是这种拖延无形之中就在自己的惯性中加入了滞后的因子，时间久了，当你习惯了总是去拖延整理书桌，你就会习惯于拖延所有事情：拖延作业、拖延学习。慢慢地，你也就被拖延所同化，最终什么事情都做不利索，失去了自己前进的惯性。

成功始于细节的积累

成功从来都不是一蹴而就的，源于一步一个脚印的缓慢前行，可能某一步没有踏稳，就会导致你摔一个大跟头，在成功的路上停下来甚至后退一大截。

成功路上能够踏稳每一个脚步，源于一个人对于细节的坚持。只有在努力的过程中，注重所有的细节，才能逐渐地把这些细小之处进行积累，最后铺就自己的成功大道。

细节源于各个方面，并不单单只有学习上的细节，即使你的习题做得再好，成绩再优秀，如果忽视了其他方面的细节，也难以成功。

某公司在招聘过程中，故意将一摞散乱的纸张放在门口的桌子上。开始的几个面试者，都没有注意到这些纸张，只顾自己如何在面试中好好表现。而最后的一位面试者是一个十分细心的人，他将这些杂乱的纸张整理了一番，然后才进屋去面试。他面试中的表现并不算好，不如之前的几人表现出色，可面试官考的就是面试者是否足够细心，而且能够一丝不苟，不放弃任何提升公司形象的机会。于是，最后这个人通过整理桌子这个小小的举动，战胜了其他几个人。

人生的成功不单单只是某次考试的优秀，还需要你做好方方面面的事情。整理书桌虽然是件小事，但却可以培养一个人的耐心和细心，让一个人养成整洁、有序的生活习惯。这种习惯不仅仅可以让你变得更受其他人的欢迎，在某些场合，也能给你带来意想不到的惊喜。

入睡前，对一天的学习与经历进行总结

一天的工作和学习之后，每个人都会十分困倦，此时你最想做的肯定是舒舒服服地洗一个热水澡，美美地躺在柔软的床上，迅速地进入梦乡。遗憾的是，在进入梦乡之前，很多人会忘记一件很重要的事情：在入睡前，对自己当天所经历的事情、所完成的学习和工作，进行一个认真的总结，找出优点和不足之处。这件事情，成功者从不会忘记，而且他们每天都会坚持完成。或许你会问：劳累了一天为什么还要做这样的事情？来看看原因吧。

总结一次胜过蛮干三次

我们每个人在一天的时间里都做了好多事情，不管做对了还是做错了，都应该对做过的事做一个总结。通过总结，你能够从做对的事情中总结出好的经验和应该继续发扬的长处，从做得不好的事中总结出必须汲取教训的地方，在以后的工作和生活中加以改进。

总结还是一个修正的过程，当你把从老师或者书本上学来的知识，与具体的社会活动进行结合，就能从思想上得出一个相对准确的标准。这个标准就像一把尺子，在每时每刻衡量着一个人的处世和做人的方式和方法。长此以往，就形成了自己做人的准则，这将陪伴人的一生。

通过总结，一个人能够更好地收获到经验、汲取教训。总结一次，你的收获就能大于自己蛮干三次，甚至更多次。

睡前总结让你受益终生

一个人对自己的总结，最好能够经常进行，趁着成功的经验和失败的教训还没有从记忆中消退，主动地去总结，才能收获到最多。

　　总结最好是能有一定的规律，这样就可以避免因为自己的遗忘错过最佳的时机，也能够帮助自己养成周期性总结的好习惯。

　　最好的总结方式就是入睡前的每日总结。白天的忙碌让你很难抽出时间进行专门的总结，而拖延几天后，你又会淡忘这些经验教训。你正好利用睡前记忆最为深刻的特点，在睡前对自己一天的所作所为进行一个回忆和梳理，把其中做得好的地方进行思考，提取出经验，让自己下次能够做得更好；把自己做得不好的地方进行反思，找出改进的方法和注意的事项，让自己下次能够避免犯同样的错误。或许刚开始的时候，你会感到不适应，毕竟忙碌了一天后再去做总结，确实考验人的耐心和毅力，但只要坚持下去，随着你总结的次数增多，你会越来越习惯于总结，也会越来越从过去的总结中得到提高，帮助你在日常的工作和生活中拥有更高的效率和更优秀的表现。

　　青少年朋友们，不妨试着去做自己的睡前总结，只要能够坚持一段时间，你就会逐渐地养成这种习惯，而此时这种总结就会成为你生活的一部分。坚持睡前总结，可以让你的学习和工作更加有层次、更加有深度，这是能够让你受益终生的一件事。

第八章
心 智

外修型，内修心

成长是能力与品格的双轨并进

很多家长总是喜欢教育孩子要好好地培养自己的能力，不然以后就没办法靠双手养活自己。但有多少家长能够在培养孩子的能力前，先告诉孩子你需要培养出自己的哪一种品格呢？品格和能力，听上去能力更为重要，因为它决定了你以后能找到什么样的工作、得到什么样的收入。但往往容易被人忽视的品格，却有着不容忽视的作用。

能力难得，但塑造品格更不易

想要培养出一个人的某种出色能力，无疑是一件很困难的事情。这需要家长对孩子从小就进行相关的教育，进行不间断地培养和练习，才能让自己的孩子在某方面能具备超人一等的能力。

能力的培养不是一朝一夕可以完成的，能够具备某些能力确实十分难得，但是品格的塑造过程，要比能力的培养更为艰辛。能力，更多的是一种技能，只需要进行长时间的练习，自然可以逐步地熟练、提升，最终形成自己的能力。这个过程中，哪怕中断，或者同时进行多种能力的训练，或者受到了外界其他的各种刺激，都不会太影响你产生这种能力。

品格的培养，要花费更多的精力，因为人的思想随着年龄的增大而不断变化，人所处的环境也会随着各种因素的变化而不断变迁。品格的塑造，并不是一个人自己的事情，它受这个人的家庭、学校、生活等不同的环境所影响。品格的塑造过程中，不得中断，如果中断了，你就再也没有机会去找回这项品格。品格的塑造，并不能一定保证成功，可能生活中的一件小事，就会带给你某种精神冲击，导致你心性的变化。或许，因为你的父母的某些不恰当的行为，导致了你会变得十分多疑，不会轻易地相信任何人，总是怀有一种不安。或许，因为你学校中某些不良的现象，导致你处理事情只会付诸暴力而不是理性。品格的塑造，取决于太多的因素，这些因素也都在不断地变化，最终你会形成什么样的品格，谁都难以预计。虽然能力的培养耗时长久，但相比于优良品格的诞生，就不算什么了。

没有品格的能力很危险

对于拥有着高尚品格的人而言，能力就像是他惠泽人间的帮手，让他能够更好地去影响这个世界，更好地去改变身边的人。对于品格恶劣的人来说，他们身上具有的能力越多，往往也就意味着他们对于社会、对于身边的人的破坏和杀伤力越大。

能力是一个中性的事物，本身没有好坏之分。就如同一把刀，放在艺术家的手里，就能雕刻出伟大的艺术品；放在厨师的手里，就能做出让你欲罢不能的菜肴；放在武术家的手里，就能带来一场精彩的表演；放在杀人犯的手里，就会带来生离死别的痛苦。同样都是一把刀，在不同的人手中却能够演变出不同的结果。

能力和品格的关系也是如此。同样的能力，在不同的人身上，就会造成不一样的后果，决定这个结果的就在于这个人具备的品格。如果这个人具备高尚的品格，那么他就总会想着用能量去回报社会，去造福人类；如果这个人品格恶劣、人品低下，那么他的能力，就会成为他犯罪的帮凶。

如果没有优秀的品格去驾驭，能力就像是一辆失控的汽车，在人群中横冲直撞，只会带来更多的伤害。如果能够用优秀的品格去驾驭能力，那就像是行驶在轨道上的火车，有着品格这个轨道的规范，能力就成了服务别人的最好工具，能力越强，就能给他人带来越多的帮助。所以，只有用优秀品格去掌控的能力，才会是助力，而没有优秀品格把持的能力，只能成为阻力，甚至会变成杀伤力。

"成才"前要先"成人"

在哈佛，"成人"是教育的基础中的基础，"成才"只不过是教育的目的。哈佛的教育理念中，是以人文的境界为本来对学生进行培养，让他们成为真正的人才。在哈佛的每一次开学典礼中，哈佛大学的校长都会亲自去欢迎新的毕业生加入到那些有教养的人群中去。由此可见，哈佛大学的教育就是从"育人"开始的。

哈佛的所有教授都认为，只有当自己的学生能够对"人"这个概念进行充分的理解，再经过专门训练成为的"人才"，才是真正的社会精英，才能从各个方面去为社会服务，促进整个人类社会的发展。这也是几百年来，哈佛大学对于人才培养的一项最为基本的原则，现如今，这项原则已经成为整个美国所有大学教育的优良传统。哈佛大学层出不穷的精英人物，就是对这种教育思想的最佳诠释。

一个人"成才"并不难，在哈佛，有数不清的科学巨匠、人文泰斗，你可以尽情地去请教、去学习，去从他们身上获取每一点知识和技能。但一个人"成人"并不容易，这需要你拥有正确的人生观、价值观、世界观，需要你在日常生活中能够明辨是非，能够始终用严格的要求来管理自己，最终你才能够做到"成人"。

青少年朋友们，从现在开始，培养你的优良品格，把这件事放在最重要的位置，因为这决定了你是否能真正地成为"人才"。"成人"后再"成才"，才是真正的"人才"。

任何情况下，记得保持微笑

在人类的交流体系中，语言这种交流方式最为方便，但往往不能完全表达出足够的信息，还有更多的交流信息包含在一个人的肢体语言中，包括动作和表情。同样的话语，用不同的表情和动作去表达，就会出现完全不同甚至相反的效果，这就是肢体语言的魔力。在所有的肢体语言中，微笑无疑是其中最具代表性，也是作用最为重要的一个表情动作。

微笑是你最好的名片

对一个人而言，微笑可以称得上是最好的名片。

个人的情绪受环境的影响，这是很正常的，但你总是苦着脸，一副苦大仇深的样子，对于你现在的处境并不会有任何的改变；如果微笑着去生活，那便会增加亲和力，别人更乐于跟你交往，你得到的机会也会更多。

试想一下，当你在街头迷路，需要向陌生人求助时，面无表情地问路很可能会吓到对方，得不到你需要的结果；如果你能够微笑地打招呼，请求对方的帮助，相信人们都会向你伸出援手。这就是微笑的魔力。

微笑是一个人对生活的一种态度，微笑是朋友们之间最好的语言，一个自然流露的微笑，胜过千言万语，无论是初次谋面也好，相识已久也罢，微笑都能拉近人与人之间的距离。微笑还是一种个人修养的体现，微笑的实质是亲切、是鼓励、是温馨。真正懂得微笑的人，总是容易获得比别人更多的机会，总是容易取得成功。微笑的实质便是爱，懂得爱的人，一定是优秀的。

微笑不应该功利，无论是对上司，还是对门卫，你的笑容应该都是一样的。微笑是对他人的尊重，同样也是对生活的尊重。微笑是有"回报"的，人际关系就像物理学上所说的力的平衡，你怎样对别人，别人就会怎样对你，你对别人的微笑越多，别人对你的微笑也会越多。

微笑发自内心，无法伪装。保持"微笑"的心态，人生会更加美好。

微笑面对责难和挑战

在生活中，每个人都不可避免地会遭到他人的责难，可能是因为你某一件事没有做好，可能是因为你无意中妨碍到了他人，也可能是别人故意刁难你。当责难出现时，不妨用微笑去应对，可能会有出乎意料的收获。

面对责难，有人总是摆出一副厌恶的表情，不断地推脱责任，这么做，往往只会带给他人更恶劣的印象，会给别人一种不坦荡、没有担当的感觉。

如果换成以微笑的方式去应对呢？无论是什么样的人，面对着面带微笑的人，都不会再去说恶狠狠的话语了。在微笑中，承认自己的不足，承诺去做出保证，那就会给别人不一样的感受。更何况，微笑可以带给人友善的感觉，而友善则是化解矛盾、应对责难的最佳良药。

每个人都时时刻刻不断地在经受着挑战，用微笑去面对这些挑战，不要把挑战当作任务，而是把挑战当作自己人生路上的一场游戏，用开放的心态去应对，用微笑的表情去应对，在挑战中抓住机会提升自己，让自己走得更为顺畅。更重要的是，微笑还能带给自己一种信心，也能带给别人一种信心，从而更好地激发出你的自身潜能，让你在战胜挑战的过程中游刃有余，发挥得更加出色。

用微笑改变自己

微笑是这个世界上最美丽的语言，可以沟通心灵、融洽关系，能够驱走阴云，让生活温暖。

懂得微笑的人，更容易走向成功和快乐。微笑是拉近人与人之间距离的最好方法。很多人获得的好人缘就是从保持微笑开始的，而他们在事业上的畅行无阻也是通过真诚微笑而获取的，他们良好的人际关系也是靠满面春风的微笑赢得的。

真诚的微笑是甜美而神奇的，它能够在生活中荡起层层的涟漪，把现实生活的问题变成一种使生命快乐温暖的美感。这种美感又常常能够助人走向成功。一家航空公司招聘空姐，其中有一位很不起眼的姑娘被录取，主考官这么告诉她："你最大的资本就是你脸上那真诚而甜美的微笑。所以你要在今后的工作中，充分运用它，让每一位乘客都能感受到你那令人温暖而又充满魅力的微笑。"

微笑是一种智慧，微笑有巨大的力量。有些事可能需要我们花费巨大的代价，但最终却只能给生命带来短暂的价值，而微笑，却能让我们以很少的代价，获得高昂的回报。真诚的微笑，是人类交友的无价之宝，是个人社交的高超艺术，更是每个人生活中的一盏希望之灯。微笑能在瞬间把彼此的感情拉近，能在轻松环境中把成功的指数增大。这种神奇的魅力，就是微笑的智慧，就是微笑的力量。

请用微笑改变自己吧。早上起床后，不妨对着镜子给自己一个微笑，它会带来一整天的好心情，让你自信地开始新的一天。出门在外时，记得把微笑写在脸上，让心灵的芳香飘满人间，因为微笑是这个世界上最好的名片。

真正的幽默感，不仅仅是逗人一乐

说起幽默细胞，很多人马上就举出例子证明自己很有幽默感，比如在聚会上，自己说的笑话总能博得最多人的大笑，或者是，自己记下了数不清的各种有趣的小段子，能够在不同的场合都适用。可惜的是，这些都不算真正的幽默，充其量只能算是个合格的段子手，或者是大家的笑料发源地而已。幽默的含义并不是能逗人一乐这么简单。

什么是真正的幽默

"幽默"这个词并不是中国古有的词语，而是林语堂老先生从西方"进口"来的。

那究竟什么叫"幽默"呢？幽默是音译，来自单词"humor"。在英语中，"humor"指的是人身体的血液中的四种液体，任何一种液体都决定着人的健康状态，都与人的性情、脾气相维系。希腊名医希波克拉底更直截了当地说，这四种液体如果失调，人就会产生痛苦的感觉，因此就会生病。如果把这四种液体调和至最佳状态，一个人就会很快乐，因此就会很健康。这就是"humor"的根本意思。林语堂用"亦庄亦谐，其存心则在于悲天悯人"来解释"幽默"这个词，其实与它的根本含义还有一些距离。

在西方国家，"幽默"的意思是指引导所有人多用积极乐观的心态去生活，拥有健康的心态，自然身体中的这四种液体也就更容易保持平衡。在中国，自古以来讲究的是中庸之道，通过自己内在的调理情绪，达到身体的平衡，其实与西方的幽默有着异曲同工之妙。

幽默是可贵的品质

对于任何一个人而言，幽默都是一种十分可贵的品质。友善的幽默能够表达出人与人之间那种真诚和友爱，能够拉近人与人之间的距离，是你和他人建立良好关系不可或缺的东西。尤其是当一个人要表达内心的不满时，若能使用幽默的语言，别人听起来也会顺耳一些；当一个人需要把别人的态度从否定变为肯定时，幽默的说法无疑能够具有更强的说服力；当一个人和别人的关系紧张时，幽默也可以使双方从容地摆脱窘境或消除矛盾。

那些蕴藏着人生哲理、妙趣横生的幽默感，也能够使人思想更为乐观、心情更加愉快、意志越发坚定，同时还能够消除人的疲劳，使自己的注意力能够集中并培养出高尚的情趣。

当一个人能够从幽默中汲取力量时，那他就可以应付任何困境，摆脱种种烦恼。那些不懂幽默的人，就很难懂得调节情绪的方法，从而导致其所遇到的困难越来越多，情绪也会变得越来越容易消沉。

幽默可以让人急中生智，化解面临的困境，或者从危险的境地中脱身，创造性地、完善地解决遇到的问题。当你遇到急迫而又棘手的问题时，如果懂得随机应变，以恰到好处的幽默话语去应对，就能令你立于不败之地。

是时候培养你的幽默感了

现在的时代是一个全球化的时代，地球村的概念从未像今天这样被认可。在这样一个全世界共通和融合的年代，故步自封是不可取的，此时的你，不妨培养一下自己的幽默感，让自己能够更加融入不同的环境中。

可能有人会说幽默细胞是天生的，自己学不来。其实不然，幽默也是可以培养的，只要方法得宜，功夫下得深，人人都可以成为高手。

如何培养幽默感呢？培养幽默感最好先从笑话入门。听别人讲笑话，自己再广为收集笑话，将它背下来，并尝试着用自己的话对别人重述一遍，然后观察对方的反应作为自我修正的参考，逐步建立最基本的幽默感。

培养幽默感到了最高的境界时，幽默感就已经脱离了技术层面，升华成了一种生活态度，或是一种人生观。此时的你，就能从任何事物中看出趣味，使自己随时处在愉悦的状态中。无论你身处何地，都能够做到广结善缘、散播欢笑。

我们要明白，真正的幽默，并不是简单地讲笑话而已，而是要用心去抓住人与人之间的感觉。在二十四孝故事中讲到的"彩衣娱亲"，是说一个六十几岁的老头为孝顺八十几岁的父母，每天打扮成小孩子，又唱又跳地设法讨父母欢心，这指的就是能够放下身段。一个公司的主管如果能够偶尔轻松幽默一下，一定比天天板着脸教训部属更为妥当，这也是一种放下身段。

只要你愿意放下身段，不管是在朋友之间、亲子之间，还是夫妻之间，都能够让人感觉到跟你相处得很愉快，继而才会有人悦、己悦的良好互动。所以青少年朋友们要从现在开始培养自己的幽默细胞，平常要多幽默一下，生活才不致于那么枯燥无味，你与他人之间的相处也会变得更加轻松愉快。

如何养成好气质

每个人的身边，都会有这样的人存在：当你和他或者她交谈时，总是能产生一种如沐春风的感觉，仿佛其身上有着某种能够让你为之折服的魔力。你的感觉并没有错，这样的人身上的确是有一种魔力，只不过这种魔力的名称叫作气质，正是他们身上的这种气质，带给了你完全不一样的感受。

气质的培养由内而外

气质是一个人的个性心理特征之一，它指的是在人的认识、情感、言语、行动中，心理活动发生时的力量强弱、变化快慢和均衡程度等稳定的人格特征。气质的主要表现体现在情绪体验的快慢、强弱、表现的隐显以及动作的灵敏或迟钝方面，因而气质为人的全部心理活动表现染上了一层浓厚的色彩。气质更多地与日常生活中人们所说的"脾气"、"性格"、"性情"等含义有所相近。

气质之美首先表现在丰富的内心世界。一个人的理想则是自己内心丰富的一个重要方面，这是因为理想是人生的动力和目标，如果一个人没有所要追求的理想，内心极度空虚和贫乏，那这个人是谈不上有气质美的。品德则是气质美的另一个重要的方面。一个拥有气质的人，为人诚恳和心地善良是必不可缺少的。一个人的文化水平也在一定的程度上影响着自身的气质。此外还要做到胸襟开阔、内心安然，才能让气质由内而生。

气质之美还表现在个人的举止上。一个人的举手投足，走路步态，待人接物的风度，都可以展现出气质。人际交往之初，互相打量，有时就能立即产生好的印象。这种好感除了来自言谈之外，就是来自作风举止了。要热情而不轻浮，大方而不傲慢、不造作，就可以表露出一种高雅的气质。狂热浮躁或自命不凡，就是气质低劣的表现。

气质之美也表现在性格上。一个人要更注意自己的涵养，要少发怒，能忍辱谦让，关怀体贴别人。忍让并非沉默，更不是逆来顺受、毫无主见；相反，开朗的性格往往能够透露出天真烂漫、大气凛然的风度，更易表现出内心的情感。富有感情的人，在气质上当然更加出众，能引起别人的共鸣。

成功者都有某些气质

在这个世界上，每一个人都不可能随随便便就能够成功，因为每一步成功都需要很多的勇气、智慧、辛劳和努力。看到一个成功者，大家或许会认为，他的相貌并不出众，家世并不显赫，但是他却能成功，凭的是什么呢？其成功，绝对不是偶然，也绝对不是运气，因为每一个成功者，都有着某些与众不同的气质。

其实，区别成功者和失败者很简单，一个成功者和一个失败的人，走路的姿势、速度、眼光、表情、神态，都是迥然不同的。

成功者，他行走的速度总是十分快捷的。他总是目光如炬、神态自信。面对成功者，你会发现他周身都洋溢着一种自立、自主、自信、自强的气质，而一个失败的人，走路则是拖泥带水、目光呆滞、表情黯然冷漠。通过这些气质的差别，我们很轻易地就能够发现失败者往往是一个缺乏决断力和自信力、怯懦怕事、胆小如鼠的人。

成功者的这种气质，来源于持久和充足的自信。他们总是坚信自己的能力能够超越苦难，坚信自己的魄力能够打开困境，坚信自己的智慧能够创造出奇迹，坚信自己一定能够走向成功。

不要让坏习惯毁掉你的气质

培养出优秀的气质是一件长年累月才能实现的事情，这个过程中你需要不断地自我提醒、自我约束，才能够最终让自己越来越光彩照人。但是毁掉气质的过程却要迅速得多，只需几个小小的坏习惯，如果你不注意去改正，就能够很轻易地毁掉你辛辛苦苦培养出的气质。

试想一下，人的气质由内在美产生，你必须保持着自己内心的健康和阳光，保持自己行为的得体，才能够让自己具有气质美。有一些人，却不注意对自己的内在的培养，例如，他们不愿意利用空闲时间去学习、去阅读，而沉迷在酒吧、迪厅、游戏中。或许在这个过程中，这些人也能够从买醉、热舞和游戏的成就之中得到满足，得到精神的愉悦，但这种愉悦对于一个人培养自己的内在修养，进而培养自己的气质，是毫无帮助的。

那些坏习惯，总是把一个人往懒惰、堕落、不上进的道路上引。相比于成功的艰辛和困难，这样的坏习惯所引的路走起来总是那么的顺畅、那么让人沉迷。这种沉迷就像是精神上的鸦片，在体验的那一刻带给你欢愉，可在事后只会伴随着无尽的空虚。

长时间在坏习惯中生活的人，在他人眼中会变得邋遢、怪异、难以交流，更谈不上具有任何气质。一旦你适应了坏习惯带给你的生活，那良好的习惯就很难进入你的世界中，无论之前你曾经培养出什么样的气质，都会在短短的时间内被这些坏习惯消耗殆尽。

青少年朋友们，气质的培养需要建立在良好生活习惯之上，不要因为一时的偷懒或是迷茫而放弃自己的那些好习惯，要知道，气质不是一朝一夕培养出的，唯有坚持下去，你才能够拥有良好气质。

人的气场究竟指什么

在学校的物理课上，青少年朋友们会学到磁场、电场；在生活中，每个人都见过操场、广场。我们总是能够听到某些人会被形容为"很有气场"，当其他人跟这些有气场的人在一起时，他们会在无形之中被影响。可青少年朋友们有没有想过，"气场"究竟是什么呢？

什么是气场

什么叫作气场？气场并不是一种具体的事物，而是一种出现在人的心理层面的感觉。气场会以各种形态附着于每个人身上，形成了一个个独特的存在形式。如果非要对气场进行一个科学的定义，那可以把气场看作是围绕在人身体周围的一种巨大的磁场。每个人在成长中的所得所失，包括了性格、学识、教养、专业、品位，还有成长环境、家庭背景等，当然，还有人的外貌，这些物质在经过各种方式的变化组合后，就会形成一种独特的能量，也就是我们所说的气场。

气场这种东西，是看不见摸不着的。但在社会上，无论贫富贵贱，每个人都有着自己独有的气场。单纯靠伪装和表演，是无法展现出真正的气场的。气场更多的是一种感觉，例如一些国际大牌明星等公众人物，甫一出场，就有种贵气逼人，令人瞩目，吸引了全世界人的注意的感觉，那股子架势、那个底气、那个范儿就是他们的气场。

有时候，人的一个眼神、一个手势，甚至是一声叹息，都可以展现出自己的气场。气场就像是一种先天的能量，一个人的身上如果拥有着强大的气场，那他就能够感染身边的人，还会带动周遭人群的情绪。气场这种能量还可以被看作是一个发光体，当它出现时，就能够让周围人的注意力不自觉地集中过来。

气场是一个人的性格气质和价值观融合后体现出来的氛围，这种氛围能够投射出去，或是可贵的，也可能是可恶的。不同的气场带给人不一样的观感，青少年朋友们要培养自己可贵的气场。

你的气场受什么影响

不同的人拥有不同的气场，一个人的气场受什么影响呢？

气场由一个人的所有经历共同影响构成，你的观念、你的信仰、你的环境、你的朋友、你的呼吸、你吃的食物、你的欲望、你的作息与睡眠等都会影响你的气场。可以这么说，人的气场会不断地被自己周围的人和事物所影响，这是一个动态的过程。

一个人的内心有多强大，他所向往和搭建的舞台就有多广阔，这并不是一句痴人说梦的广告语。每个人先天拥有的东西都不一样，有的人生来貌美、聪明，有的人却天生相貌平平、资质鲁钝。然而，那些与生俱来的财富只不过是人生的一小部分，更重要的则是后天培养出的内心力量。跟商品不一样，内心的力量没法用货币来衡量，但是当内心的力量被启动、被激发的时候，整个人就会溢出一股不可阻挡的气场。

内心的强大与否，将会影响一个人气场的强弱。那些内心强大的人，大多气场也会强大，他们会不自觉地把自己的气场扩散出去，通过气场去影响他人的看法和决定，带给他人不同的感受；内心弱小的人，气场往往也会显得弱小，他们更容易受到身边那些强大气场的影响，失去自我的判断。

如何点燃你的气场

如何去点燃你的气场并助力你的内心世界？这就需要由内而外的"4W"原则，分别是外貌、外表、外向、外交。

一个人的容貌美丑对于是否能够活得更好并不是最重要的，但这不意味着你可以轻视自己的外貌对于气场的影响。重视外貌不是浓妆艳抹、整容扮美，而是要热爱自己的样子。不管你是否符合公众的美貌标准，都要热爱自己的样子，因为你是独一无二的，这就是老天赐予你的第一份礼物。貌不惊人没关系，打心眼儿里喜欢这个与众不同的自己，反而能让你的气场大得惊人！自信的人是最美的！

外表不同于外貌，体现着你的审美取向和水平。现在的社会已经强行塞给人们很多硬性的审美标准。对于这些"标准"你要学会挑选，并融合自己的特点打造出最佳的审美特色，这才是属于你的外表。这个世上倒是也有一种装饰对任何人都适合，那就是微笑。当你不知道如何完善自己外表的时候，始终保持微笑就是不错的选择。

外向指的不是滔滔不绝的话痨，而是主动积极的态度，主动出击，寻找目标，并为此付出努力。生活有时候是需要冒险的，现成的道路早已人潮涌动，想另辟蹊径就需要探索的勇气。对成功有很强烈的渴望，而不是随波逐流，这才是所谓的外向。

外交指的是人与人的交往。与他人交往中，你要注意避免"我想说什么就说什么，你想听什么跟我没关系"的沟通弊病。交往的最终目的是要让对方明白、接受，甚至信服自己，那就必须要善于观察和总结不同人的接受方式。掌握外交的技巧，便可让你的气场变得既无形又有形，从而影响甚至改变与你交流的人的心态和想法。

懂得分享的重要意义

从生物学的角度来看，动物总是会想尽办法占有更多的生存空间，就像刚出生的孩子，不用谁教他，就已经无师自通地学会牢牢霸占妈妈的怀抱。但随着一个人年龄的增大、阅历的增加，他就会越来越发现分享的重要性。

分享让你更加快乐

对于生活而言，它本身就像是一首动听的乐曲、一幅多彩的图画：邻居的王老师执教了一节成功的观摩课、同事李先生的文章发表了、朋友赵女士收到了丈夫的结婚纪念日礼物……生活中诸如此类的值得我们感到快乐的事情有太多太多。面对着别人的这些快乐与成功，人们的心态也总是千差万别：有的人会快乐别人的快乐；有的人则是忌妒别人的快乐；还有的人更是会怨恨老天不公，怨恨这快乐为什么没有降临到自己的身上。不同的心态，决定了一个人的心情，无论是怨恨还是忌妒，都是在拿别人的快乐来惩罚自己。真正聪明的人，必定是会与别人一同分享快乐。

在生活中，一个笑话、一段警句、一张美丽的风景画、一篇好文章、一首动听的音乐，抑或是一则激荡人心的好人美事，当这些事物带给你快乐时，你都可以像拥有一盘糕点似的，拿出来与其他人一起分享。

善于和他人分享快乐是一种智慧，更是一种豁达。当与他人分享快乐时，就能使你的心胸更开阔，使自己变得更睿智。世界闻名的海尔之所以能发展成为现在的规模，不仅在于其公司领导人的魄力，更是在于企业内部团队合作精神的强大。这种合作形成了我中有你、你中有我的良好氛围。形成这种良好氛围的重要因素就是分享，员工和领导之间、员工和员工之间，互相分享自己工作的新体会，分享工作的快乐甚至是压力，通过分享形成了相互之间的良好氛围。

当你与人分享快乐时，便是以自己小小的喜悦去点亮另一个人或另一些人的喜悦，这个与人分享快乐的过程也是放大自己快乐的过程。手里有糖果的孩子，如果懂得分给同伴，那他就不怕没有朋友，也不怕玩得不快乐。看到好的故事，学习到好的理念，自己独自享受是一种小小的快乐，而与他人分享，就是把快乐扩大，大家共享，就是大家共乐，同时你也在这个过程中得到了尊重与信任。

一个人的快乐，如果没有分享给别人，那就像是一盏小小的蜡烛，光亮总是有限。如果在火光还亮的时刻去点燃别的蜡烛，那么照亮你的就会变成许多蜡烛，一根蜡烛的光总是无法亮过许多根蜡烛的光。当你习惯了分享快乐时，你就会惊喜地发现，你的快乐点燃了更多人的快乐，在这个过程中，你的快乐也能够升华，你的生活也会变得更加快乐、更加有意义。

分享才能收获更多

在有些人眼中，分享就像是主动地让出了自己的好处，所以他们总是不愿意去分享，生怕自己损失了一分一毫。这种行为无疑是目光短浅的，分享的过程看似造成了损失，实际上懂得分享的人才能够取得更多的收获。

有这样一个故事，一棵大树上有一只乌鸦，它的嘴里衔着一大块不知道从何处获得的肥肉。这只乌鸦刚刚落在树上还没站稳，就有许多只乌鸦追踪这个"富有"的乌鸦成群地飞来。它们同样落在了树上，一声不响，一动不动，只是死死地盯着那只乌鸦嘴里的肉。

那只嘴里叼着肉的乌鸦看上去已经飞得很累了，不住地喘息着，但是这块肉太大，它无法整个吞下去，它也不能落在地上去把这块肉慢慢啄碎，因为那样其他乌鸦们会猛扑过去，抢走它的肉。于是它只好停在那儿，护着嘴里的那块肉。

因为嘴里叼着东西呼吸困难，也因为先前被大家追赶，那只乌鸦已经筋疲力尽。只见它摇晃了一下，叼着的肉突然掉落了。这时所有的乌鸦都猛扑上去，在混战中，另一只非常机灵的乌鸦抢到了那块肉，立即展翅飞走，其余的乌鸦立刻紧随其后。

又一轮的追逐开始了，结果，第二只乌鸦也像第一只一样，最后被追得筋疲力尽，落到了树上，失落了那块肉。

又是一场新的混战，所有的乌鸦又去追赶那个幸运儿……

看完这个故事，或许你的心中肯定觉得这些乌鸦真的太笨了。的确，从故事中可以看出，这些不懂得分享的乌鸦，最终的结果必然是自己永远享受不到那块肉，只能不断地浪费体力。

　　当你在笑话这些乌鸦时，有没有反思一下自己：是否也曾经干过如这些乌鸦一样的蠢事呢？

　　分享是与独占和争抢相对立的，而后者常会被视为自私自利的表现。从大的方面来讲，分享不仅包括了对物质和金钱等有形的东西的分享，还包括对思想、情绪、情感等精神产品的分享，甚至还有对义务和责任的分担。

　　分享对于人与社会的融合起着决定性的作用，它将影响到人能否被社会接纳、能否适应社会、能否在社会上生存。当一个人主动地与别人分享自己独有的东西时，当人们提出对双方同样有利的建议，并付诸行动时，常常更能赢得别人的好感，从而为进一步交往打下基础。那些只习惯于独自享受，不顾别人利益的人是很难与人相处共事的。就如同工作中，如果把自己的心得与他人分享，不仅可以换来友谊，还可以得到他人的经验和教训，从而大大节省了自己的时间和精力；不愿意和他人分享，只会让自己的路越走越窄，事倍功半。

不一样的朋友，不一样的人生

　　一个人从出生到长大，从成年到老去，会遇到数不清的人。在这些人中，绝大多数只不过是和你擦肩而过，一小部分会和你有更为深入的联系，极小的部分会和你有十分密切的联系，只有极个别会和你共度终生。这几类人分别对应着陌生人、熟人、朋友和家人，从中可以看出，除了家人之外，人最重要的交往对象就是朋友。

一个好汉三个帮

　　俗话说得好：一个篱笆三个桩，一个好汉三个帮。哪怕你真是一个好汉，单靠自己的力量会难以解决困难，还是会需要其他人的帮助。更何况，大多数人都只是普通人，面对着生活中形形色色的挑战，一个人的力量就显得太弱小了，总是会需要众人的援手才能走得更好。

面对着困难，你不可能总是寻求家人的帮助，一来真正能够陪伴你一生的，其实只有你的爱人，你的父母和孩子都只能陪着你走完人生的一部分；二来你所遇到的困难，并不都是能够通过夫妻两人的努力就可以解决的，这个时候就需要来源更为广阔的其他力量的帮助，这份力量只可能来自于朋友。

当一个人遇到麻烦时，真正的朋友能够像家人一样给予你无私的关心和帮助。

青少年朋友们处于人生的特殊阶段，此时，你们更不愿意把心声向家长倾诉，而是选择三五个好友，互相交流自己的内心世界。这并没有什么不好，也是人成长过程中的必经之路。但是需要注意的是，朋友并不是一起吃吃喝喝玩玩乐乐，而是应该发自内心地产生某种精神的契合，才能成为真正的好友。也只有这样的朋友，才是你在困难时可以求助的对象；那些靠吃喝玩乐交到的朋友，不仅在你遇到困难时毫无帮助，还将成为你成功之路上的绊脚石。

让自己被优秀的人包围

人是群居性动物，当和好友在一起聚会和交流时，一个人的心态往往可以更加的积极向上，也更容易排解掉自己生活和工作中的压力与不快。

人也是一种易于被所处的群体氛围所影响的动物，当你处在一个群体中时，整个群体的气质和氛围，往往会潜移默化地影响你的心态和选择。

哈佛大学有句名言：和优秀的人在一起，你会更容易变得优秀；和落后的人在一起，你更可能会停滞不前甚至堕落。这句话就很好地说明了人会被所处群体影响。当一个人身边的朋友都积极向上地追求更好的生活，都努力去改变自己的命运，那这个人也一定会变得更加有斗志、更加地努力。如果一个人身边的朋友都只想着不劳而获，总是寄期望于别人对自己的施舍和帮助，那么这个人也必然会变得同样懒惰和堕落。

当然，人不可能想和什么人交朋友就和什么人交朋友，友谊的诞生毕竟是依靠心灵的感受，难以单纯地用行为支配，但是你可以尽量做出更好地选择，增加自己交到优秀朋友的可能性。例如，你可以多和身边那些比你更优秀的人交流，多去了解他们在想什么，多和他们沟通自己的想法，这样一来，即使最终无法产生友谊，你也可以借着这个机会去学习和了解他们身上的闪光点，去发现他们优秀的原因，从而让自己得到进步，获得提升。

如果你是一个追求上进的人，那么就试着让自己身处在一群更优秀的朋友中间吧，只有让自己被更优秀的人包围，你才可能变得更优秀。

良好的人际关系是你最大的财富

优秀的朋友不仅仅可以成为你成长路上的标杆和指路牌，某些时候，更是能够给你助推一把，让你在成功的路上做出一次飞跃。

随着社会的发展，只靠一个人的力量越来越难以成功，很多事情都需要集合数人协力去完成。这个时候，一个人的人际关系，将决定他的效率和成功率。

汤姆和吉瑞在上学期间，成绩都不是很优秀，所以毕业后都留在了家乡这个小镇生活。这个镇子盛产坚果，但由于消息闭塞，商品无人问津。于是两人不约而同地动起了同一个念头，那就是通过网络推销家乡的特产。

汤姆在学校时，结交了大量的朋友，大家总是一起学习或者一起打游戏。毕业后，他的朋友们多数也都留在了小镇上，所以当他有这个念头时，他的这些朋友们也都帮不上什么忙，大家只能干着急。

吉瑞虽然自己的学业不佳，但他喜欢和更优秀的人交朋友，他的朋友虽然不多，但是现在都在大城市中打拼，见多识广。一个朋友帮他联系了经销商，另一个朋友给他推荐了投资商，还有个朋友指点他把家乡特产做深加工后再拿去出售，收益更高。有了方向和资本，吉瑞的事业很快就走上了正轨，建立了自己的公司。不久，他的公司越做越大，他也成了当地有名的企业家。

同样的一件事情，朋友的作用很可能就会导致不一样的发展结果。拥有好的人际关系，就意味着拥有了更多的选择和机会，拥有了更广阔的发展空间。拥有良好的人际关系，会让你的人生之路越走越宽广。

感恩的力量

哈佛的捐助传统

哈佛大学会收取学生一定的学费，但是，只要学生们足够努力，那么获取奖学金并不是那么难的一件事，而奖学金的数额，缴纳学费绰绰有余。

不仅仅是哈佛大学，全美国的大学都是保持着这个传统，那就是高额的奖学金，只要学生拥有足够的才能，又足够努力，那就不需要自己掏腰包交学费。美国的大学收取学费的目的是为了激励学生更好地去努力学习，去规划自己的人生。即便有人拿不到奖学金，又出不起学费，大学会提供低息甚至无息的贷款，帮助他完成学业。

在哈佛大学，每名学生都会被学校重视，也都会进行合适的引导，来促使他尽快地成为社会栋梁，成为国家的精英。这个过程中，包含了种种难以直接看到的隐形成本，例如优秀的教师资源、充足的资料库存、舒适的校园环境，包括种种教学工作和实验器材的耗费等。哈佛培养了每一名学子，反过来，每一名从哈佛走出的毕业生，当他们在社会出人头地、事业有成时，都会主动地捐助自己的母校，有些人甚至会捐出自己的大部分财产。

哈佛把校友们的捐助，通过不同的方式奖励给贫寒但是努力的学子，让他们继续自己的梦想，可以说是校友们的捐助成全了这些人日后的成功。

当这些曾经的学子们闯出自己的天地时，并没有忘记母校对自己的馈赠，他们也主动地捐助母校，以帮助那些后来的师弟师妹，给他们一个机会去改变自己的命运。

一代代的哈佛学子，就是通过这种捐助的传统，让哈佛变得越来越强大，也让哈佛的校园中充满了一种感恩和馈赠的氛围。因此，哈佛的毕业生们都对母校充满了感情，那些受益于捐助传统的人，会把这个传统发扬光大。

感恩让你变得更强大

哈佛的捐赠传统，不仅仅帮助很多有着天分和努力，却缺乏物质条件的学子走上了成功之路，更是培养了一代又一代哈佛学子的感恩之心。

感恩是一种处世的哲学，也是生活中的大智慧。一个拥有智慧的人，就不会为自己没有什么去斤斤计较，也不会一味地索取，导致自己的私欲膨胀。当一个人学会了感恩时，就会为自己已拥有的而感到满足，感谢生活的赠予。这样的人才会有一个积极的人生观，才总能保持一个健康的心态。

当一个人可以每天都感恩地说出"谢谢"，那将不仅仅可以使得自己心中充满积极的想法，也可以使身边的人感到快乐。拥有感恩之心的人，在别人需要帮助时，都会伸出援助之手；当别人帮助到自己时，也会以真诚的微笑表达感谢；当别人悲伤时，这个人也能抽出时间来安慰他。这些小小的细节都是感恩的表现。

拥有一颗感恩的心，会使得一个人的内心变得更加强大。当你拥有感恩的心时，就更能够在失败时看到自己和他人的差距，在遭遇到不幸时内心可以得到慰藉、获得温暖，激发出继续挑战困难的勇气，进而获取到前进的动力。

就像历史上著名的美国总统罗斯福那样，试着换另一种角度去看待自己人生中的失意与不幸，对生活时时地怀有一颗感恩的心。当你能够这么去做时，就能使自己永远保持健康的心态、完美的人格和进取的信念。

感恩的心并不纯粹是一种心理的安慰和对现实的逃避，更不是所谓的阿Q式的精神胜利法。感恩之心，其实是一种歌唱生活的方式，它来自于一个人对生活的热爱与希望。

感恩之心，是每个人在生活中所不可或缺的光芒和雨露，一刻也不能少。无论你出身高贵还是卑微；无论你生活在这个世界上的何地何处，无论你曾有过怎样的生活经历，只要你的胸中能够始终怀着一颗感恩的心，随之而来的，就必然是不断地涌动在你身体内的诸如坚定、自信、温暖、善良等美好的品格。这时，你的生活中，自然而然地便有了一处处动人的风景。

懂得感恩的人，更能够发现生活中的美好，更能够拥有强大的内心世界；懂得感恩的人，会更愿意对他人进行馈赠，去帮助那些和自己曾经一样陷入过困境的人；懂得感恩的人，他将带给身边的人更多的感动，也更容易获取到他人的帮助。感恩，让一个人从内到外都变得更加强大，这也是哈佛的学子们总是更可能获得成功的原因之一。

第九章
慢 熬

不断修炼面对"败"的心理能量

失败不可怕，可怕的是你胆怯了

通向成功的道路上，不可能一帆风顺，总会遇到各种各样大大小小的困难。有些人有勇气去战胜那些看上去很小的坎坷，但遇到了看似巨大的挑战时，往往在尝试失败后很快就泄下气来。在他们眼里，自己被难以战胜的困难打败了，但事实真是这样吗？

任何困难都存在着转机

面对看似难以克服的困难、无法征服的险滩时，许多人感叹自己的时运不济，没有走上一条顺畅的路，带着这种心态，他们放弃了努力，甚至还没有尝试就放弃了。

其实，在通向成功的道路上，任何难关都是可以渡过的。中国有句俗话：车到山前必有路。古代著名诗人陶渊明也写下过这样的诗句：山重水复疑无路，柳暗花明又一村。这都说明了，即使面前的困难像大山一样高耸着，看上去是那么的牢不可破，但是只要你换个方式或角度去尝试、去思考，最终总是可以发现新的道路和方向。

困难可以考验一个人是否有毅力、恒心、智慧和勇气。虽然不是每个人都拥有这些品质，但是只要你努力地去尝试，去战胜成功路上出现的这些困难，这些品质就会逐渐在你的身上发光发亮，照亮你的前行之路。

在困难面前，一味地感慨自己的运气不佳，只会迷失在自己的精神世界中；看着高耸的难关望而却步，那你的一生只能定格在当下；在尝试失败后放弃，那你就错过了翻越难关的最好机会。

面对着任何困难，我们需要做是要勇敢地冲上前去，尝试着用一切办法去解决它，去征服它。面对困难，任何的犹豫和放弃都会导致困难被无限放大，战胜困难的机会也会在放大的困难之中更加难以寻找。只要你自己不放弃，就能够独辟蹊径，让自己在成功之路上继续前行。当你真正靠自己解决了看似无法逾越的难关时，你的精神也得到了一次洗礼，会变得更加强大。

不要被恐惧蒙住双眼

恐惧是什么？恐惧是人类的一种心理活动状态，是内心情绪的一种。恐惧的产生是因为周围有着不可预料、不可确定的未知因素，而导致产生的无所适从的心理或者生理上的一种强烈的反应。从恐惧的定义可以看出，恐惧的产生并不是你真的受到了伤害或者遭遇到了冲击，而只是在心理层面的预警。

绝大多数恐惧都只存在于人的心中，不会变成现实。但遗憾的是，很多人并不能够分清楚恐惧和真正的危险，每当他们产生恐惧感时，都会下意识地去躲避、去退缩，因而白白错过了很多好机会。

恐惧也会产生于你担心发生不好的事情、取得不好的结果时，成功路上的失败总是不可避免。但很多人在失败后，害怕再次尝试，他们总会认为，自己无论尝试多少次，还是难以避免失败的结果。带给他们恐惧的是无数次可能的失败，和失败后无法面对的挫败感。

恐惧就像是一块黑布，蒙住了这些人的眼睛。被恐惧蒙住双眼的人，他们的眼前将再无光明。试问，这样的状态下，你又如何能够从失败中汲取教训，如何能够最终获得成功呢？

失败不可怕，只要你勇敢地摘下蒙在眼前的黑布，勇敢地不断努力尝试，那你就一定可以踏在失败的地基上触摸到成功的门槛。

其实你是被自己打败的

无论是面对困难产生的那种绝望感，还是面对着失败产生的恐惧感，都不过是你自己内心的一种想法。只要你是脚踏实地地向前行，所有困难都能找到解决的方案。

无论你的内心如何绝望、如何恐惧，都不会对任何事物造成任何改变，唯一改变的只是你的情绪、你的意志。当一个人内心强大，十分坚定，拥有无畏的勇气时，那无论多么巨大的困难，都只不过是稍大一些的石头罢了。能越过小一些的山头，就一定可以一步一个脚印地越过更高的山峰。当你的心中被绝望和恐惧填满的时候，你所想的早已不再是如何去做得更好、如何去想办法解决问题。你面对的困难，不论它实际上多大多小，都会变得遮天蔽日，成了你真正无法逾越的难关。

很多人的失败，并不是真的遇到了多么巨大的困难，也不是因为其能力不够强、潜力不够足，而是因为他们否定了自己，肯定了困难的不可战胜。于是，他们既没有发挥出自己全部的实力，也没能更好地开发出自己的潜力，最终被自己所打败，倒在了成功的道路上。

当一个人大声地诉苦，自己遇到了多么巨大的困难、多么的无能为力时，那只是他为自己内心的软弱找借口。那些失败者，都是倒在了自己的手中，能够打败一个人的，只能是他自己。

成功的终点也许并不遥远

每个人都渴望成功，但并不是每个人都能够成功。大多数的失败者，都认为自己离成功十分遥远，有些人甚至会庆幸，幸好自己放弃得早，才没有白白浪费许多精力去博取那一丝成功的可能。相信不止一个人产生过这样的想法，可他们不知道的是，就在他们放弃的时候，距离成功仅有一步之遥了。

成功与失败的一线之隔

成功就像是一段不知道距离的马拉松，而且你的对手也只有你自己。有些人在起跑线上就放弃了；有些人跑了或远或近的距离后仍然在半途中放弃了，在他们看来，自己的这场马拉松根本不知道终点还有多远，或许自己的能力根本不可能坚持到撞线，还不如早点放弃，节省下自己的精力，说不定下一次自己能够有幸碰上一个更短一些的路线。

如果说通向成功的路程一共有 100 米，那么一个人只有完整地走完这 100 米，才能算得上成功。如果他没有坚持到最后，那不论是十米、一米，甚至是半米，他依然都只是失败者。

但一米的失败和 99 米的失败对于失败者而言却是不一样的，一米的失败，意味着这条通向成功的道路并不适合你，你可以去寻找另一条更好的道路，而且你也没有为这次努力耗费过多的精力和时间。99 米的失败，则表示你已经为了成功付出了足够多，离成功也只有一步之遥。

99 米的失败，绝对不是因为实力不足或者方向有误，在真正成功之前，谁也不可能知道自己什么时候会成功。在这个人眼中，虽然自己跑过了 99 米，可或许成功还在 1000 米之外。于是，他退缩了，放弃了。面对着未知的路程，他选择了回头。于是，短短的一米距离，此时就成了成功和失败之间那无法逾越的天堑。

成功和失败的距离，并不像大多数人想象的那么遥远，有时真的只是一线之隔。那些在终点之前退缩的人，因为自己软弱的意志，放弃了唾手可得的成功。真正让失败和成功相隔万里的，只不过是人的选择，选择坚持，那成功就在眼前；选择放弃，那成功就永远无法触及。

坚持到底，就是胜利

成功并不是那么容易到来的。很多时候都会遇到挫折、面临挑战，只有那些能够坚持到底、不断奋斗的人，才能获得最终的成功。

每一位取得成功的人都应该明白，要想获得成功，就得有一种持之以恒、不达目的誓不罢休的精神。挥动一两下铁锹是挖不成水井的，成功需要积累，成功需要坚持。

当我们成功地挖掘出一口水井时，第一股水都是浑浊的，但只要我们坚持挖下去，就会见到清冽甘甜的井水。

一个人，如果能够坚持到底，那就是胜利。只要生活没有放弃你，你就不应该放弃自己。当你处在人生之中艰难的境地时，即使看上去没有任何希望，也要告诉自己：我很快就可以胜利了，再坚持一下。只要这样不断地坚持下去，你就一定能收获成功。

当你走在通向成功的道路上的时候，不论遇到了什么事情，也不论经历了多大的坎坷，都不要看向两侧，更不要转过头。你要坚持住自己最初的信念，脚踏实地地往前走，再苦再难也要坚持下去，只要坚持到底就能获得胜利。

成功者与失败者的区别，往往并不是更好的机遇或是更聪明的头脑，只是成功者们多坚持了一段时间，或许是一年，或许是一天，有时，甚至仅仅只是一秒钟。

坚持可以带来信念，能带来自信，更能带来动力。年轻的你，如果拥有了这份坚持不懈的毅力，就一定能够得到命运女神的垂青，成为人生的佼佼者。

有些路注定要你一个人走完

人们评价一个人，总喜欢做出鲜明的分类，比如会认为这个人是个天才，而那个人只是个傻瓜。但天才和傻瓜并不是能够如此简单地去区分的。

天才总是与众不同
天才和傻瓜看上去是两个意义完全相反的词语，但很多时候，两者反而有着许多的共通之处。

一个很有意思的情况就是，真正把一位天才放在你的面前时，你很可能真的会把他当成是一个傻瓜。

天才的想法总是要超出普通人很多，天才的很多行为，在普通人眼中根本无法理解。爱迪生小时候，就常常被身边的老师和同学看成是傻子。年幼时的爱迪生，对一切身边的未知事物都保持着强烈的好奇心。当他看到母鸡把鸡蛋孵成小鸡时，自己也找来鸡蛋试着去孵化。当他看到充满气的气球可以飞上天空时，就找来了一些发泡粉，动员一些想要飞上天的同学吃下去，但结果吃下去的同学们不仅没能飞起来，反而吃坏了肚子，痛得满地打滚。老师和同学们对于爱迪生的行为都无法理解，老师甚至不止一次训斥他，声称如果他再这么调皮捣蛋，就开除他。

爱迪生，长大后成为一名伟大的发明家。他当年的老师和同学，不会再说他曾是调皮大王了，只会说爱迪生在小时候就已经展现出了天才的一面，那么与众不同。

因为天才的聪明远超于常人，所以有时就难以被普通人理解，大家在看到无法理解的东西时，第一个想法就是认为对方是个傻子，这也是天才和傻子有时反而更加相像的原因所在。

成功之路总是孤独的

为什么大部分人总是难以成功？因为，没有哪个人可以简简单单地成功。

成功，意味着一个人做到了其他人所无法做到的地步，开辟出了一条独有的道路。成功永远不可能属于大多数人，而且成功的道路，都是曲折而漫长的。

对于大多数人而言，成功仿佛是那么遥远，远到穷尽自己的一生之力都无法实现。其实，并不是成功真的离你有多远，只是你没有发现成功的方向。许多人总是习惯性地按照大家都认可的方向走。但当一个方向是被大多数人所明确的时候，只能证明这个方向早已没有了闯荡的价值，因为无论你做得多好，在你的身前总会有人做得更好。并且在已知的方向上，只有开创出这个方向的人才能算得上成功者，后来的这些都只是模仿者。

成功必须要你自己开辟出一个新的方向、新的道路，并且把这条路走到终点，这才能叫作成功。很多人总是把目光放在那些已有的道路上，却不肯转过身来去开辟新的道路。

当一个人披荆斩棘地开辟一条新的道路时，他并不能确定自己最终能否成功，但相比于那些走在前人走过的道路上的人，最终可能成功的，反而是这些开路的先驱者。大多数人没有勇气去开辟道路，总是去嘲笑和讽刺那些开辟自己的道路过程中落得满身伤痕的人。

真正的成功之路是孤独的，你不但要面对着世俗的嘲笑和讥讽，还要不断地探索，从无人到达之处找到自己前进的方向。只有经历这样孤独的旅程，成功的喜悦才会来得更猛烈、更让人着迷。

坚定地做自己的主人

天才在成功之前，被大多数人都当成是傻瓜的原因，是因为天才们总是特立独行，与众不同。

成功的道路走到终点之前，也总是不被大多数人看好，因为新开辟出的道路，并不是每一条都能够走到终点。

这个世界上，天才永远是少数，成功者也永远只有一小部分。天才和成功者也都是普通人，所以关键在于你是否能坚持自己的选择，能否坚定走上属于自己的道路，能不能真正地做自己的主人。

天才在成功之前，他们的所作所为不会被世俗所理解，在旁人的眼中，此时的天才只是个傻瓜。如果因为身边大多数人的不理解和反对，就放弃了自己的想法和主见，那么天才也就成不了天才。天才的可贵之处就在于他那天马行空的想法。

成功者在成功之前，他们所选择的方向也不被大多数人所认同，甚至于所有关心你的人都会劝说你放弃，都鼓动你回头。如果因为别人的劝说就草草放弃自己的选择，那就永远不可能成功。成功需要的是独辟蹊径，只懂得跟在别人的后头亦步亦趋，那永远只能是个模仿者，而不能超越。

一个人唯有坚定地做自己的主人，不被外界的干扰所动摇，坚定地走自己选择的道路，才能证明自己。一个人也只有坚定自己的决心，才能真正地走上属于自己的成功之路。

人生遇冷是一种幸运

人生一世，会有高潮迭起的激昂，也难免会有摔落谷底的冷遇。大多数人在巅峰之时都会意气风发，挥斥方道，仿佛一切都在掌控之中。一旦遭到了冷遇，绝大部分会难以接受，不能正视自己的处境，或是在困难中迷失，或是在迷茫中蹉跎。他们把冷遇当成了末日，殊不知，人生中的那些冷遇，其实，是一种幸运。

苦难更能磨砺人

细数历史，古往今来，没有哪一个人的成功是简简单单便可得来的，每一个成功者的背后，都是一部历尽苦难的奋斗史。

即便是天才，也必须要经历了一些苦难之后，才能够激发出自己的潜能，让自己迸发出更强大的力量。那些始终处于安逸的环境中的人，即便身体内潜藏着再巨大的潜能，也都难以被激发出来。

人生中遭遇到的那些苦难，往往更能够激发出人自强不息、奋力拼搏的精神和斗志，这样的苦难对于每一个人都是有好处的。努力奋斗是成功的前提，而苦难的压力，正是人们培养和提升自己艰苦奋斗精神的最好催化剂。如果一个人从来没有遇到过痛苦和不幸，他就不可能学会忍耐和顺从。对于成功者而言，成功是咬牙战胜苦难的那份毅力和决心。

宝剑锋从磨砺出，梅花香自苦寒来。苦难是最能够磨砺人的意志和性格的磨刀石，在苦难的历练下，成功者能够激发出自己最大的行动勇气。对于一个人而言，当他拥有强烈的成功欲望之时，多大的苦难都不可能阻挡他的脚步，反而会把他磨砺得越发锋利、越发光芒四射。若是没有这些苦难，便没有成功。甚至可以说，是苦难成就了成功。

在逆境中寻找希望

虽然每个人都希望自己能够一帆风顺，不愿意遇到波折和动荡，但是通往成功的道路谁都会遇到逆境。

哈佛大学流传这样一句话：一个屡遭挫折、屡战屡败却百折不挠、永不放弃的人，往往会比一个一帆风顺、顺顺当当的人取得更大的成就。

有些人在逆境中，只会抱怨命运的不公，这样的人把逆境当成一种煎熬，把短暂的挫折和挫败当成了是自己成功旅途的中断，这样的人也只能够到此为止，他们永远不能真正品尝到成功的美好和喜悦。

另一些人面对着逆境，从不会去感慨什么，对于他们来说，无论是坦途还是险境，都是自己成功的必经之路，逆境只不过是自己的一种经历而已。在逆境中，他们能够静下心来去思考自己的不足，思考改进的方法和方式，进而在逆境中寻找到自己前进的方向，找到向上的希望。

真正的强者不会因为一时的幸运就欢欣鼓舞，也不会因为厄运而一蹶不振。逆境是对人最好的锻炼机会，如果你想实现自己的梦想，就要勇敢地面对人生逆境，在逆境中坚持自己的梦想，在逆境中找到新的希望。

把失败和挫折转化为力量

在这个世界上的每一个人，如果想要取得成功，都必须面对和克服重重困难。

就像一位刚刚工作的年轻人，面对从未接触过的工作，他是不可能立刻驾轻就熟地超越所有的老员工。凡事都会有第一次，大多数的第一次往往都会以失败而告终，唯有通过不断地尝试，不断地努力，才能让自己不断地提高，最终走向成功。

或许有的人在第一次接触某项事物时，就表现得非常优秀。这当然很好，但在这以后，他或者会继续努力进步，也有可能会对自己的首次胜利沾沾自喜，放松对自己的要求，最终导致停步不前。那些以失败开始的大多数人，只要能够矢志不渝继续努力，不断地提高自己的能力，这样的人就会比第一次就取得优秀表现的人更可能成功。

很多时候，失败和挫折不一定就会变成你的不幸和痛苦。相反，只要你能够通过自强不息、奋斗拼搏，它们就会转化成一股极为强大的力量。这股力量能够唤醒人的奋发向上的精神，让人更加勇敢地奋斗

失败和挫折，对于懦弱的人而言，就是人生中最大的灾难；对那些意志坚强的人来说，反而能够从中获得拼搏的力量和胜利的信心，挫折和失败对于他们而言是一种激励，激励他们更严格地要求自己，更努力地提高自己，甚至可以成为他们人生中的一个转折点。

黎明就在眼前，别放弃得太早

每个人都渴望成功，但成功永远都是属于少部分人的专利。大多数人，在某个阶段时，都面临着种种打击和压力，认为自己已经失败了，于是放弃了努力。殊不知，他们可能错误地定义了自己的失败，他们并没有失败，只不过是还没有成功而已。

黎明前最黑暗

黎明，意味着清晨的第一缕阳光洒向了大地，意味着光明的重新归来。但神奇的是，黎明前的一瞬间，却是最为黑暗的一刻，无论多么深

邃的夜空，也都比不上黎明前的漆黑如墨。

成功也有着相似的规律。在你真正成功之前，你无法预知成功到底会何时到来。或许你感觉下一刻自己就可以成功，没想到这一刻却耗费了几年的光阴；可能你感觉自己还要很久才会有机会成功，可就在一夜之间，成功就已经在向你招手了。

成功的到来难以预料，所以成功总是能给人带来惊喜。可不幸之处也在于此，成功之前的那段路途往往是最艰辛的，一次次的打击，不断出现的挫折，大多数人都会动摇，都会犹豫，都会认为自己已经失败了，再也不可能成功了。

很多人在成功前的这个关头放弃了，他们认为自己已经失败，就放弃了继续去追寻，但他们不知道，这段艰辛的路途也许就是成功的前奏。

黎明前最黑暗，成功前最艰辛，唯有坚定走过这段最困难的旅程，才能到达成功的终点。

坚持，即使看不到尽头

曾经有记者对一些众人眼中的成功人士做采访调查，调查他们认为自己成功的最主要原因是什么。采访之前，记者设想了许多答案，这其中包含了领导力、智慧、天赋等因素。出乎记者的意料，除了极个别人说出了幸运这个原因，绝大多数人都认为是坚持，让自己取得了最终的成功。

面对着这个结果，记者十分好奇，于是进行了更为详细的调查和访问。他发现，答案是幸运的那几个人，的确是十分幸运，他们的成功带有几分偶然性，并不可复制，也只可能有那么一次的机会幸运地得到成功。那些回答是坚持的人，成功的道路都充满了各种曲折的经历。他们中有的人曾经走在了破产的边缘，只差一步就会一无所有；有的人为了研究出理想的技术成果，尝试了无数种方法，几乎快到绝望，差一点就放弃了自己的所有研究；还有的人甚至经历过牢狱，很多年才得以脱身，回归社会后也难以被旁人认可和信任。

这些人的成功都是历经了千辛万苦才得以实现，这个过程中，只要他们少了哪怕一次坚持，都不可能取得最后的成功，所以对于他们而言，任何的能力和因素都比不上"坚持"二字的分量。即便再聪明的大脑，也无法算出距离成功还有多远；再优秀的领导力，也不可能让成功主动地跳入你的手中。想要成功，只能靠着不断地坚持，在逆境中，在挫折里，不断地坚持向前，不论什么样的打击都不能中断自己的步伐。即使成功的道路看不到尽头，也要坚持走下去，永不停止，只有这样，才能够获得最后的成功。

绝不轻言失败

"失败"是个刺耳的词，当从一个人的口中说出这个词的时候，总是会带来压抑的气氛和感受。

当一个人感觉到自己可能失败了，或是认为自己已经失败了，不论哪一种，都会在这个人的心中产生一大片的阴霾，遮住他远眺的双眼，扑灭他燃烧的激情。不论他在之前开足多大的马力前行，只要失败的念头在心中浮现，都会像是瞬间踩死了刹车，不可能继续再前进一分一毫。

一个认定自己已经失败了的人，心中不可能再存在着任何斗志。从他产生这种感觉的那一刻，一切正面的积极的因素就都已经远离他而去。同样远离他而去的还有成功，当一个人已经认为自己失败的时候，他就再也不可能触摸到成功。

成功和失败是永远不可能见面的一对冤家，有意思的是，如果一个人认为自己已经成功了，他并不一定是真的取得了成功，也可能只是自己的错觉；如果一个人认为自己失败了，不论他是否真的失败了，从失败的想法出现的那一刻起，他就必然会失败。

挫折和困难不可怕，可怕的是因为遇到挫折和困难，就认定自己已经失败。在追求成功的道路上，绝对不要轻言失败。即便成功离你还很远，但只要能够坚持不懈地努力下去，你总有到达终点的那一天。就算成功实际上已经离你很近，可一个认定了自己已经失败的人，也不可能再去触摸到哪怕近在咫尺的成功。

青少年朋友们，你们的人生道路才刚刚开始，还没有经历太多挫折和困难，但一定要记住，不论什么时候，绝不要轻言失败。

看似过不去的坎儿，也一定有解决的办法

命运总是喜欢跟人开一些玩笑，它不喜欢看到平平淡淡的生活，而更愿意给人们出各种各样的难题。于是，每个人的生活中都会不断地出现一个又一个的坎儿。有些难题没那么艰难，一使劲也就过去了；有些困难却带给人很大的麻烦。经常会听到有人说："我真的过不去这次的坎儿了！"难道真的有如此艰难的坎儿吗？不，命运对每一个人都是公平的，你过不去的，不是生活中的坎儿，过不去的只是你的信念。

困难就是用来战胜的

每个人都会遇到大大小小不同的困难，或许是夫妻间发生了矛盾，也可能是工作中遇到了不顺心，抑或是学习总是不能进入状态，甚至是家庭突遭意外的打击。这些困难有大有小，有些根本不会给你带来太大的压力，有些却会让你感觉到自己将永远无法战胜。

没有人天生就能轻松地解决所有难题，困难并不是不可战胜，但前提是需要在不断地锤炼之中，去练就一颗永不服输的心。

许多人都有懒惰的劣根性，当能够安逸地生活在他人的保护之下时，很少有人能够主动地去磨砺自己。于是，随着年龄的增大，一些小麻烦很多人可以轻松地解决掉，一旦遇到稍微棘手一些的问题就力有未逮，要么逃避，要么就需要借助外力。长此以往，解决困难的能力始终得不到提升。当真的有一天，你遇到了无法求助、无法逃避的巨大困难

时，心中只有绝望。

困难就是用来战胜的，只有不断地去战胜出现在自己的生活中的困难，才能够不断地提升、不断地进步。只有这样，才能不惧怕困难，才能走出属于自己的灿烂明天。

你真的已经尽全力了吗

在学习时，虽然还有几道习题没有完成，但却忍不住对自己说：我已经足够努力了，现在感觉好累，还是休息吧，剩下的以后再说。在工作中，上司交代的工作只是完成了个大概，还有细节没有弄清楚，可却在心里想：这样已经足够了，我做得够好了，还是早点下班回家吧。

相信不止一个人会遇到上面的这些情景，你是否也会这样安慰自己，降低对自己的要求？

人与人之间最大的差距，并不在于智商，也不在于天赋，而在于是否每一分每一秒都全力以赴。如果你没有对手专注，没有对手努力，那么你前进的每一步都会比对手短那么一点点。每一步、一点点，日积月累下来，就将成为你和你的对手之间无法想象的差距。

从现在开始，当你在学习上、在工作中，遇到想要放松、忍不住懈怠的时候，不妨问自己：我真的已经尽到自己最大的努力了吗？我的作业是否能够完成的质量再高些？我的知识积累还能不能更为全面些？我手头的工作还有没有进一步完善的空间？在完成自己的任务之余，还能不能让自己对整个团队的运作了解更多？

你并不那么优秀的原因，绝不是你不够聪明，也不是你天赋不足，只是你还没有尽全力。只有当一个人用尽全部的力量，为了自己的事业，为了自己的未来打拼时，他才能够创造出奇迹。

最大的障碍只在你的心中

人生的前进过程中，那一个又一个不断出现的坎儿，就像是一道又一道不同的障碍，你就像在跨栏跑，必须不断地跨越这些障碍，才能够保持前进的步伐。

如此多的障碍之中，究竟哪种才是最大的呢？有的人可能会说：如果我遭遇不幸，身体不再健康，就是最大的难关；有的人又会说：如果我到处不被认可，总是被所有的人轻视，那就是我最无法接受的困难；还有的人会说：我什么事情都做不好，完全找不到自己存在的价值和意义，这个问题将会困扰自己一生。

这些人说的好像都有道理，不论是哪一种障碍，看上去都是那么难以跨越，可最难的究竟是哪一种呢？

最难的障碍，并不是我们在人生的道路上遇到的障碍，而是存在于我们的心中。之所以你会觉得有些障碍无法逾越，除了障碍本身的确比较困难之外，更多的还是因为你在自己的心中，为困难下了一个定义，认定了它是自己无法战胜的。当你的内心都认为这是自己无法跨越的障碍时，那你就真的不能跨过去。

身体残疾，但意志坚定之人，仍然能够重新铸造出奇迹和辉煌；即使其他人都否定你，只要你的内心坚定，那你就总有一天能够证明他们都犯了错；即便你在过去的生活中一无是处，但只要你愿意改变，有勇气尝试，那你总能找到适合自己的道路。

看似很难的坎儿，只要你自己内心中不放弃，有勇气，总会找到解决的办法，那些被障碍拦住的人，都是因为他们的心被拦住了。只要能够战胜自己的内心，那你就能够战胜所有的困难。

在谷底时只有向上的方向

　　生活就像是冲浪，没有人能够始终占领潮头，永远是最闪亮的那个弄潮儿。海浪有高潮，自然也有低谷。能够占据潮头的人自然总是少数，但即便一个人曾经占据过高高的潮头，也无法避免自己跌落到谷底。我们要做的是，在高潮时尽量去延续，在低谷后尽早脱离。可很多人只看到了高处的得意，却承受不了低谷的打击。

人生总有失意时

　　人生就如一场戏，太平淡的剧情总是索然无味，只有跌宕起伏的经历才能让人回味无穷。但每个人都更想做旁观者，能够坐看风起云涌，静待他人经历起起伏伏，而自己最好是能够一帆风顺，波澜不惊。

　　可上天对每个人都是公平的，没有人能够置身于生活之外安静地看戏，大家都是舞台上的一员，都需亲身投入到这场人生大戏之中。

　　既然人生如戏，那就必然会有跌宕起伏，就像每个人都希望自己可以万事如意，却很可能大多数事情都难以如意。并不是每个人都有机会行至巅峰，但所有人都会面临着坠入谷底的境遇。

　　已经逝世的一代奇人，一手将苹果公司带入世界巅峰的乔布斯，也曾经经受过冷眼和拒绝。20 世纪 80 年代，他所打造出的苹果电脑，得不到用户的肯定，而他也被苹果的董事会赶下台来，只得黯然离开。但他并没有因为坠入到低谷而放弃努力。离开苹果公司后，他创立了自己的企业，继续研究用户的喜好倾向。后来，苹果公司陷入危机，濒临破产，此时的董事会又想起了乔布斯，于是采用了收购的方式，重新让他成了掌舵人。

重归苹果后，乔布斯凭借自己这些年对用户喜好研究的积累，成功地设计出了 Macbook，ipod，乃至后来的 iphone，每一个产品都引领了世界的潮流。而苹果公司也一跃成为全球最有价值的品牌。

即便如乔布斯这样的奇人，也都难以避免失意的打击，更何况普通人。人生总会有失意时，如果因为一时的失意就放弃了努力，那你的人生只能到此而终止，唯有不被失意打倒，不断地进取，才能从低谷中出来，再次创造出新的辉煌。

谷底是你新的起点

人生的旅程并不总是能够不断地向前，虽然没有人会希望倒退，但是或许一次意外，或者是一次错误的抉择，都会导致人们错走一段路程，倒退几步。

这种倒退就是人生中的那些低谷。在坠入谷底后，你曾经取得的成绩，曾经获得的成就，都会离你而去，你过去所做的一切努力也都随着这次坠落而消逝不见。低谷的出现并不能被人所控制，幸运的话，你可能只是倒退回几个月前，哪怕是长一些的一年半载之前；如果不幸的话，你可能就会印证这句"一夜回到解放前"的俏皮话，一次的打击都会让自己变得一无所有，甚至处于自己人生之中从未有过的糟糕境遇之中。

眼睁睁地看着自己所取得的一切都从手边消失的时候，有的人就会承受不住这种大起大落的打击，变得消沉，变得自暴自弃。他们无法接受自己的失败，无法接受自己多年的努力化为乌有。于是，谷底就成了他们永恒的牢笼，牢牢地被困住了。

其实，我们可以换一种思路。或许因为一次的跌入谷底，导致了过去多年的努力都化为乌有；可能因为这次的失败，你失去了自己辛苦创造的财富和地位，而且处于人生最悲惨的时刻。但你为什么不能把它看成是自己的另一个起点呢？虽然再次变得一无所有，但不过就是回到了自己开始的地方；即使已经倒退回到了比起跑线还靠后的地方，那也不过就是重新画出另一个起点，只要不断地继续努力向前，还能达到曾经到达过的高度。

大胆迈步，在谷底时只有向上的方向

遭遇到突如其来的打击，面对挫折和困境，很多即使站在巅峰潮头时能够果敢决断的人，也会在跌落谷底后变得犹豫不决，举棋不定。

其实，失败和逆境带给人的最大坏处并不是夺走了你的成就，而是这种从天上到地下的巨大落差，对一个人的信心造成的极大摧残。落差有时可以带来更大的动力，可那多发生在你起步的阶段，一旦你曾经到达过，却又跌落回来之后，这种落差对于一个人的自信的打击很可能会是致命的。

在遭到打击之后，有些人失去了自信，不相信自己可以东山再起，不相信自己做的新选择是正确的，不相信自己重新选择的道路能走出谷底。这些人因为这一次的跌倒，可能再也不能爬起来了。

还有一些人，虽然他们也摔得很惨，也遭受到了巨大的打击，但他们并不会因此而质疑自己的能力和选择。不如意之事常有，常胜将军不可能存在，只要能够汲取这一次摔倒的教训，下次就不要再犯同样的错误，肯定可以走出更远的距离，攀上更高的山峰。

事实证明，后者往往可以再次重回巅峰，因为他们并没有把精力放在对自己的质疑和对过去的留恋上，没有因为落入谷底而不敢继续迈步，他们的心中很清楚，既然已经身处谷底，只要你迈出前进的步伐，那么不论你往哪个方向，都是向上的。

人生的考验越多，成长得越快

通往成功的道路上，每个人都会经历许多不同的考验，这些考验或者来自于困难和逆境，也可能来源于取得的成就带来的骄傲和自大，甚至会出于种种外来的引诱和迷惑。面对考验，有些人会感到无奈，有些人会感到厌烦，但真正的智者会利用考验，让自己更快地成功。

经受考验是最好的成长机会

每个人在自己的不同时刻所遇到的考验都是不同的，但可以肯定的是，没有哪种考验是你可以躲过去的，之所以你没有遇到，只是时候还未到而已。

其实，我们大可不必把考验看成是一种折磨，虽然经受考验的过程的确十分痛苦，甚至付出了绝大的努力后仍然会失败，但是考验的确是促进一个人快速成长的最好机会。

对于学生来说，考试就是他们成长道路上最早经历的考验。如果没有考试，就无法检验出一个学生对于知识和技能的掌握程度。或许你会感觉到自己在学习中游刃有余，自己学得足够优秀，但没有经历过考试，你的感觉是没有说服力的。一次考试，就能够让你看到自己的不足和弱点，从而明白下一步需要在哪些地方加强。

人生中的所有考验里，学生时代的考试可能是相对最为容易的一种。当一个人真正步入社会，面临生存的压力时，那时考验会更为猛烈，更让你疲于应付。

在经历考验的过程中，我们不一定一下子就将问题处理和解决得很好，可能会暴露出自己多方面的问题和不足，这也是考验最主要的作用，可以让一个人更好地看清楚自己，发现自己需要努力的方向。

经受考验的过程，的确很痛苦，还会带来不小的打击和挫折，但这些都不是白费的，它们能够让你更快地发现自己的弱点，更好地带给你进步的动力和斗志。可以说，经受考验的时候，就是一个人成长最快的时候，也是最好的成长机会。

学习弹簧精神

在哈佛大学里，老师们总是会给学生灌输一种弹簧精神。弹簧精神的特点是，不论你拉它还是压它，它总是会使劲地向自己原有的位置靠拢。在通向成功的道路上，有些时候你会遭到压力的考验，有些时候你又会面临诱惑的引导，这个时候，你就要学习弹簧精神。面对压力，你需要明白压力越大，弹力也越大，要想不被压力所压扁，必须保持一股韧性，才能够坚持向前。面对诱惑，你要尽力稳住自己。不论诱惑有多强烈，你都要像弹簧一样，稳住自己的方向不能偏离。

压力和诱惑都是人生考验，弹簧精神的核心就是坚定自己既定的道路，不因为压力的考验而松懈半分，也不因为诱惑的考验而偏离一毫。拥有弹簧精神的人，必然拥有着坚定的内心，面对着种种考验，他们都可以坚持自己的理想，坚定自己的信念，不被困难击倒，也不被外物诱惑，始终保持前进的方向不动摇，始终坚持前进的步伐不懈怠。

每个人都应该学习弹簧精神，学习这种坚忍不拔的品质，学习这种不偏不倚的作风。成功来不得半点虚假，只有像弹簧一样，经受住或压或拉的种种考验的人，才能够达到成功的彼岸。

压得越低，你就能冲得越猛

参加过短跑比赛的人，都明白这样一个道理：当你在起跑之前那一刻，你的身形压得越低，当发令枪响后，你的起跑速度就会越快。

在通往成功的道路上，也像是在进行一场旷日持久的赛跑。在这个过程中，我们都会经历不断的考验，这些考验会带来各种各样的压力，压在每个人的身上。压力之下，大家的速度会变慢，腰也会变弯。这时候有的人会因为压力的重负，心中产生绝望，认为自己再也没有机会赶超前面的人。可压力的作用并不是只有负担，重压之下的你，就如同冲刺前必须要压低的身形，压力虽然带来了负担，但也让你更能够压低自己的态度，压低自己的重心，在压力下发现自己平时难以看到的问题，在压力下积蓄爆发的力量。

当你坚持下去，坚持到你适应压力，并有力量甩开压力时，压得更低的你就能够爆发出更为惊人的力量和速度，将其他人远远地甩在身后。

压得越低，你就越能够看清楚脚下的路；压得越低，你就更能够发挥出全身的力量；压得越低，你就能冲得越猛。青少年朋友们，不要害怕考验的压力，这些压力终将会变成你们前行的动力。压力之下，不妨暂时放低自己的身姿，你将迸发出更强大的力量。

你渐渐会发现，孤独是一件很美的事

人是一种群居的动物，所以喜欢呼朋引伴地聚在一起，大家一起玩玩闹闹才能欢乐。可在生活中，真正的孤独并不是身边没有他人的陪伴，有一种孤独叫作不被人理解、不被人接受。

成功的道路总是孤独的

不知道你有没有过这种感受：当你竭尽全力地想要完成某个计划时，你的同事、你的朋友甚至你的家人都不认同你的选择，在他们看来，你所做的这件事完全没有价值。但是你自己却知道，你所做的一切都是实现自己的理想，是自己能够继续走在成功的道路上的关键。这就是孤独感，那种不被身边所有人认同的孤独感。

成功的道路是自己闯的，跟在别人的后面亦步亦趋，将无法真正取得成功，成功需要具备创新的精神，需要在众人视线的不及之处发现属于自己的成功方向，并且为之不懈地努力，这样才有可能取得成功。

成功来自于创新的思维，但每个人的想法都不同，所以关于成功道路的选择，不同的人会有不同的意见，当你走上了自己选择的路后，会发现身边只有你自己。

这时的你，只能独自走在自己选择的道路上。这既不能证明你的选择是错的，也不会为你的征途带来更多的麻烦。一个人只要内心坚定，就不会被孤独所影响。真正取得成功的人，都曾走过一段孤独的旅程，只要能够坚持不懈地走到底，一定会取得成功。

喧嚣只会蒙住你探索的眼

随着经济的发展、社会的进步，越来越多的人过上了富足的生活。人们兴奋地投向了那些五光十色的生活之中，用种种的娱乐方式放松自己，用聚会的方式来寻求认同感和归属感。

适度的集体活动是应该有的，但是你一定要对自己有个清晰的认识，无论你花费多少的时间去聚会、去玩耍，这些事情只能作为奋斗过程中偶尔的调剂，却不能当成是生活的支柱。

自古以来，做成一番大事业的人，都不会把精力主要放在各种娱乐活动上。虽然古人曾有过大隐隐于市的说法，但大多数人显然并不具备这样的自控能力和精神境界，还是会被环境所影响、所同化。

喧嚣的环境，不利于一个人的思考。在这样的环境中，一个人情绪中的冲动、急躁、兴奋等因子会被无限放大，这些因子都是爆发性情绪的组成部分，可想而知，当你长期处于喧嚣之中时，难以静下来思考，就会习惯用冲动填满自己的大脑皮层。

成功的道路不是笔直平坦的，这条路蜿蜒曲折，到处都是岔路口，如果不能让自己的头脑保持冷静，就会被自己的冲动蒙蔽灵智，走入岔路，错失成功的机会。

成功的路上需要你不断地探索，需要你拥有充分的耐心、无比的细心，这两种品质都不可能在喧嚣之中得到，只能够通过品尝孤独才能获得。沉迷于喧嚣的日子中，只会让你失去进取的精神和条件，离成功越来越远。

享受孤独，让你更清醒

通向成功的道路总是孤独的，这份孤独时刻伴随着每一个想要成功的人。这些人中，有些被孤独打败，转身回到了人群之中，放弃了自己曾经的理想；有些人咬牙坚持忍受，但忍耐总是有限度的，超出了限度之后随之而来的还是放弃；最好的方式就是享受这份孤独，唯有发自内心地接受这份孤独，在孤独中锻炼自己、提高自己，才能让你能够坚持走到最后。

孤独的确会让人感到无助、感到寂寞，但同时也能够让人冷静。当你离开了喧嚣，一个人走在自己选择的道路上时，这份孤独感可以让你的头脑变得更加清醒。

许多成功人士，在成功之前，享受了一段孤独的时光。正是这种孤独，使得他们能够静下心来思考，思考自己的选择，思考自己的方向，思考自己下一步该如何前进。如果没有清醒的认识和冷静的思考，他们也许就无法取得成功。

成功之前的孤独，像是一个过滤器，滤掉了那些不配取得成功的人。面对孤独的考验，逃避只会让人自甘平庸，单纯的忍耐会让成功之路更加艰难，只有学会享受这份独孤，在孤独中锤炼自己，在孤独中冷静地思考自己的方向，才能让人更加清醒，所以，当孤独来临时，不要逃避，也不要害怕，用心去享受它吧。

第十章

精 进

让优秀成为一生的习惯

做一个拥有个人魅力的人

每个人都有着自己的性格特点，但普通人的性格特点总是会平庸无奇，难以引起别人更多的注意，或者无法带给身边的人以愉悦和向往。反观成功人士，他们却总是无论身处何处，都能成为视线的焦点，成为众人瞩目的中心。难道是因为人们只会去主动关注成功者吗？不，这是因为成功者身上的魅力总是能够吸引人向其靠近。

成功者都有独特的魅力

成功总是会更多地出现在那些极富个人魅力的人身上。这些人并不是因为成功之后才拥有的个人魅力，在成功之前，他们就已经是魅力四射之人。甚至可以说，正是他们身上具备的这些种种独特的魅力，造就了这些人的成功。

曾有哲人说过，一个人最宝贵的财富既不是数之不尽的金钱，也不是俏丽可人的容颜，而是其个人魅力。当一个充满魅力的人出现时，他就会像是夜空中闪耀的礼花，不仅可以点燃自己，更是能够带给身边的人更多的光明，给人以心灵的陶冶和快乐的享受。

成功者的魅力都是由内而外地散发着。这种魅力取决于成功者的气质、品格和个人的内在精神。一个人如果内心充满热情，热爱学习、热爱生活、热爱运动，热爱自己身边的一切，那这个人的魅力就会如似火的骄阳，带给身边人无比的热情。一个人如果内心极富包容感，并且具备坚定的自信、自尊之心，那这个人的魅力就能带给身边的人以宁静和思考，让每个人都感到被理解和被尊重。

一个人的魅力是自己内在修养的体现。一个富有魅力的人，能够带给自己和身边的人更多成功的可能，在这个人向着成功努力的过程中，也能逐渐地提升自身的修养，提升个人的魅力，这是个互相促进的过程。

成功更多地取决于情商

哈佛大学心理学教授尼尔·戈尔曼曾说：一人的成功80%取决于他的情商，剩下的20%取决于智商等其他因素。情商对一个人的作用是十分巨大的，拥有良好情商的人，才能够在纷繁复杂的世界中找准自己所处的位置，更好地适应时代的变迁。

在现在的社会，情商已经成为人与人交往之中最为重要的一种智慧。良好的情商不仅可以激发出一个人的内在潜能，调节个人的情绪，更重要的是可以让人在人际交往的过程中表现出良好的亲和力，让这个人充满个人魅力。

无论是在工作还是生活中，情商所能发挥出的作用都远远地高于智商。在哈佛大学的信条中，智商决定了一个人是否能够被录用，而情商则决定了这个人上升的极限所在。在哈佛大学那些顶尖的世界级实验室中，第一流的人才并非是那些智商过人的研究人员，反而是那些智商不是特别突出，却拥有更高情商的人。这其中的秘密就在于，只拥有高超的智商，却不一定能够在团队中找准位置，促进整个团队的发展，而那些智商不是特别突出却拥有高情商的人，反而更能够融入团队，更能够用个人魅力吸引他人，更能适应激烈的竞争，所以就更容易取得成功，更能促进团队的发展。

提高情商，从现在就开始

情商的作用，不仅能帮助你更快获得成功，还能让你改变自己的生活态度，从点滴之处影响你和身边的人。对于青少年朋友们而言，提高自己的情商，需要从现在就开始。

首先，管理情商最重要的一点，就是学会管理自己的负面情绪。要改变自己对于事物的认知，让负面情绪尽可能地远离自己。

其次，掌握正确的处理压力的方式。在压力之下，一定要保持冷静。无论是生气还是不满，抑或是紧张还是焦虑，在你说出一些会让自己后悔的话之前，不妨先深呼吸，从 1 数到 10，之后你就会找到更好的处理方法。如果仍然无法冷静下来，那就暂时放弃处理这个问题，千万不要冲动。

拥有良好情商的人，更善于读懂别人的暗示。想要提高自己的情商，也可以从这方面下手去练习。当你看到一些别人看不懂的表情时，不妨多思考一下对方想要表达的内容，多想出几种可能，让其更为客观。

练习去表达否定的情绪，试着把自己最在意的东西放在首位，更为坚定而客观地说出"不"，这样你就会更少受到折磨和伤害。

最后，不要吝啬于对你最亲密的人表达温柔的爱意，不论是肢体上，还是语言上、表情上，都要积极地维护你和家人之间及朋友之间良好的关系。

正确地认识世界，认识自我

每个人都生活在这个多姿多彩的世界上，世界也正是由无数不同的个体构成。从哲学角度而言，人构成了这个世界，每个人也可以被看成是独立的个体。一个人不光要正确地认识世界，更需要正确地认识自己。那么，青少年朋友们该如何去做到这一点呢？

世界这么大，你该多看看
一位中学女老师的辞职信在几天之中就风靡了整个互联网，信上只有短短十个字："世界那么大，我想去看看！"在这里，也勉励所有的青少年朋友一句话："世界那么大，你该多看看！"

从人类文明诞生的那一刻起，世界就不断地被改变。相比于这个世界存在的时间，每个个体的生命都十分短暂，但每个人在这短暂的时间中，都在为世界的改变贡献着自己的力量。

认识世界的过程，应该是个不断观察、不断感受世界的过程。必须把自己投入到你想要了解的地方，深入至你需要体会的时空，才能从内心真正感知到你想要知道的东西。

仅仅靠自己想象，是无法真正感受这个世界的。你要亲自去体会不同的生活，去感受这个世界上不同的组成元素，这样你才能丰富你对这个世界的认识。

生命是有限的，穷尽你一生之力，也无法看遍这个世界。但这不是不采取行动的借口。闭门是无法造出车子来的，只有不断地去增长见闻，不断地去感受新的事物，才能激发出一个人的灵感和创造力。

正确地认识世界，不仅需要你尽可能用心去感受这个世界，还需要你多读书，去感受不同时代的人留给这个世界的记忆，这样，你才能形成对这个世界的正确认识，而不是片面地活在自己对世界的想象中。

自我认识永无尽头

一个人很难完整地认识自己。世界不断地改变，人也始终处在一个动态的改变过程中，自我认识的道路是永无尽头的。

如果能够静下来用心感受和反思自己，你就总能发现一个新的自己。每个人都在默默地改变着世界，你所经历的一切也在不断地改变着你自己。从幼年时的淘气和任性，到青年时的激情和冲动，再到中年的沉稳和达练，再到老年后的睿智和安逸，每个时刻，人都处在一个新的阶段，都会拥有一些新的特点，可以说，随着时间的变化，每一个不同的时期，都是全新的你。

自我认识就是一个对动态变化的人生的跟踪和阶段总结。只有不断地重新认识自己，才能明白自己的改变，才能发现自己人生的新走向，把握自己的方向；从不去试着认识自己的人，永远不可能掌控自己的人生。

当一个人对自己有了正确的认识时，就能够清楚地了解自己的优劣，明白自己的需要，看清楚自己的人生前路究竟是一路向上还是逐步滑落。

自我认识是没有终点的，就如同人要活到老学到老一样，人认识自己也要认识到老。不断地认识新的自己，会让人变得更加睿智，做出的自我认识也会更加准确和客观。

树立正确的三观

世界观、人生观、价值观，构成了人的三观。一些人因为三观不正，所以做出危害社会、让家人痛苦的事情。

一个没有树立正确三观的人，会很难让自己为社会主流所接受。这些人认为自己总是遭遇不公，没有出头之日。实际上，正是因为他们的三观被扭曲，才会在心理上出现这样的错觉，而这样的错觉又加剧了三观的扭曲。

一个树立了正确的三观的人，总是很容易让自己被他人所理解和接受，总是能够做出正确的决定，顺应时代的潮流。自己的努力得到了应有的回报，自己的汗水浇灌出了应得的幸福生活。所以他们会感恩，懂得馈赠，更懂得生活的意义。

青少年朋友们正处在树立正确三观的关键年龄阶段，此时的你们，随着年龄的逐渐成熟，对待事物会有更多自己的想法。如果此时不能树立正确的三观，那将会影响你的未来和幸福。

正确地树立三观，关键就在于正确地认识这个世界，正确地认识自己。对这个世界认识越多、越透彻，就越有利于你建立良好的世界观；不断地完善自我认识，将让你形成良好的人生观。把自己对人生的感悟放在对世界的认识之中，就形成了属于你自己的价值观。

人的三观之间互相有着交融，互相产生着影响。无论怎样，一个人都要正确地认识这个世界，正确地认识自己。只有做到了这两点，你的三观才不会有偏颇，才能成为你成功的助力。

培养领袖气质，它会让你受益终生

在学习和工作中，你是否曾经遇到过这样的困惑：为什么同样的一个建议，从你的口中说出，和从另一人的口中说出，却产生截然不同的两种效果？有时候，为什么明明你的才能更加出色，却无法像他人一样得到团体的一致认可呢？你是否知道，究竟哪里出了问题？

什么是领袖气质

当一个人明明拥有才能，却总是难以展现，难以带动他人时，那就说明这个人缺乏足够的领袖气质。

在一个优秀的团体中，总会有这样的一种人：其拥有鲜明的个人特色，充当着整个团队核心的角色，其言行总是能够被整个团体认可，并且在关键时刻能够决定团体的某些决策和行动。

上面所说的这种特殊的人格魅力，我们可以称为"领袖气质"。"领袖气质"也是人格魅力的一部分。

拥有领袖气质的人，不仅仅只是在一个团体中充当着核心的角色，他们身上的这种领袖气质和领袖能力，还通过自己的言行，指引着整个团体出色地完成任务。

从团体的角度而言，领袖气质是一个人的一种管理能力的体现；从个人的角度看，领袖气质更是一种难能可贵的人格魅力。

领袖气质，是一个人从平庸走向卓越的标志。一个拥有领袖气质的人，必然不会甘于平庸，而一个卓越的人，也会更注重培养自己的领袖气质，可以说，领袖气质能够成就一个人，一个人的成就也会促进自己的领袖气质，两者存在着互相成就的关系。

领袖气质并不是天生的

领袖气质并不是生来就有的。不过它也不是遥不可及的，可以通过后天的培养而获得。虽然并不是所有的人都有领袖气质，但每个人都可以尝试去培养自己的领袖气质。

没有人天生就适合去做领袖，在人生道路中，总会有各种各样的机会，需要你去做出决定。刚开始，你只需要做出关于自己的决定，慢慢地，你会找到属于自己的团体，你也需要在团体中做出种种决定。在这个过程中，就是你培养自己的领袖能力的最佳时机。

有些人的性格外向和奔放，另一些人内敛沉稳，但无论什么样的性格，都能够培养出自己特有的领袖气质。

著名的 NBA 球星勒布朗·詹姆斯，为青少年朋友们耳熟能详。多年的打拼和成长，让他成长为球队的领袖。他曾经说过这样的话："我不是一个天生的领袖，领袖气质是在你打球的每个阶段、每一场比赛，一点点磨炼出来的。"

即便强大如詹姆斯这样的球员，在刚开始自己的职业生涯时，也并不懂得如何去引领球队，不知道如何把身边的队员凝聚在一起。但是随着不断地成长，不断地面临着各种各样的局面，他总会遇到需要自己挺身而出的时候，领袖气质也就逐步形成了。

领袖气质，就是在不断地接受挑战、战胜挑战的过程中逐渐诞生出来的。当团队遇到困难时，你需要勇敢地站出来，接受挑战，试着用自己的能力带领团队前行。这个过程中，也许你会遭遇打击，会遭到挫折，但是只要你不断地努力，试着释放出自己的个人魅力去影响这个团队，当大家一起战胜风雨，走出困难后，你也就成了一个具备领袖气质的人。

打造你的领袖气质

作为新时代的青少年，应该从现在就开始打造自己的领袖气质。

在团队中，你要学会善于倾听别人的想法。有很多人认为"说"比"听"更能展现自我。没错，能说会道是很重要的，也是一个人自我表现的重要手段之一，但一个合格的领袖，总是会更多地去聆听别人的意见和想法。

如果自己的意见不能被团队接受，那么再好的表达也是徒劳的。倾听是对别人的尊重，也是最好的了解他人见解和需求的机会。如果你能够清楚团队中所有人的想法和意见，那你就可以提出更有深度和高度的想法，也更可以兼顾到他人，减少团体的分歧。久而久之，当所有人都越来越认可你提出的想法后，你也就在他人心中树立起了自己的权威。

除了善于倾听之外，还要关注你身边的每一个人。当你认识了一个新的朋友时，要记住这个人的长相和名字，避免出现记不起名字的尴尬。千万不要小看这件小事，这个世上的每个人都渴望被认可、被重视，如果你能够保持关注并重视他人，对方就会感受到你的重视，也会更容易加深对你的信任。当对方有了这种被重视的感觉后，往往也会更容易接受你的想法，双方之间的信息沟通也就更加顺畅。一个人想要引起别人的重视，首先要学会重视他人，这也是树立权威形象的基础。

领袖气质的培养，贯穿在生活和工作的点滴之中，不要忽视每一个和人沟通交流的细节，不要放过每一次承担责任和挑战的机会。培养自己的领袖气质，将让你受益终生。

走自己的路，不必苛求它不同寻常

人生就像是一条望不到尽头的道路，在途中，每个人都可能会遇到一些特别坎坷的路途，也总是面临不断出现的岔路口，需要自己做出选择。有些人满心希望找到那条最特殊的成功之路，却忽视了最适合自己的那条道路，最终，错过了无数次的机会，不但错过了沿途的美丽风景，其人生最终也只能草草收场。其实，成功的道路没有特殊的标记，需要你走好自己的路。

人生的方向在自己手中

人生拥有着无数的可能，可以选择不同的方向。选择了正确的方向，意味着你很可能会节省自己的时间和精力，更快地前行；选择了错误的道路，不仅会白费很多力气，甚至会让你错过更好的机会，无法问鼎成功。

一个青年请教智者："我尝试了许多不同的方法，走过很多不同的道路，为什么我始终无法成功呢？那些和我走上类似的道路的人，有些已经成功，有些也即将成功。难道是我的能力不行吗？"

智者问道："那你是怎么选择自己方向的呢？"

"当然是多参考大家的意见，多向别人学习。我看别人走的道路都挺不错，就跟着一起上路，心想这样一定能够更快地成功。"

智者微笑着摇了摇头："你为什么一定要跟着别人走同样的路？每个人都是独一无二的，每个人都要走自己的路。就像别人不可能代替你走完自己的人生之路一样，别人的选择也不能代替你自己的决定。你总是不断地尝试，但尝试的只是你眼中别人的选择。你有没有真正属于自己的选择，走一条由自己决定的道路？如果没有，那不妨试一试。"

听完智者的话，青年陷入了沉思。后来，他不再总盯着别人，跟在别人后面亦步亦趋，而是仔细地思考自己的方向，自此之后，他的人生也开始有了起色。

人生是一条大船，每个人都要学会把舵盘掌控在自己的手里。不同的人会有不同的喜好，有不同的特点，只有结合自己的实际，发自自己内心做出的决定，才是你应该前进的方向。把人生的方向掌握在自己的手上，走自己的道路，即使最后无法成功，你也能创造出属于自己的辉煌。

选择最适合自己的那条路

人生有着许许多多不同的道路，但是并不是每一条道路都是适合你的。

要想在多条道路中，找出一条最适合自己的道路，可以参照以下三个基本条件。

首先，你选择的这条道路必须能够通往自己的目标。终点在哪里是不会改变的，如果选择的道路不能通往终点，就是南辕北辙了；其次，这条道路必须是通往你目标的所有途径之中最为有效的，你必须根据你的自身条件去选择，只有最适合发挥你特长的道路才是对你最有效的，也是最快的；最后，你必须选择一条实际的、合情合理的道路。如果你的选择不切实际也不合情理，那这条道路对于你就没有任何意义。

只有知道了自己未来的路将要怎么走之后，才能够始终保持足够的信心行走于这条道路上。在漫长的人生中，有许多的波折。盲目地行走，只会让我们跌得头破血流、伤痕累累。睁大眼睛，小心地走，才能让我们规避风险，以最快的速度抵达我们的目的地。

选择最适合自己的那条路，这会帮助你发挥出自己的优势，走得更加愉悦。当你走上这条道路后，请继续保持着清醒的头脑，进行冷静地观察，不要被路上的那些小陷阱耽误自己的宝贵人生。

坚定地走自己的路

走自己的路，某些时候可能意味着孤独地上路。千万别因为自己的胆怯和恐惧而害怕独自上路，更别让他人的无知、滑稽，成为阻止自己继续前行的理由。坚持去做那些我们认为正确的事情。只有当你能够坚定地把行为和内心保持一致时，才不会被任何人或事动摇。如果为了获取别人的认可，而改变自己的道路，只会将自己的梦想扼杀。虽然你可能因此暂时获得别人的认可，可你的梦想就永远不会实现。

走自己的路，让别人说去吧。这句话看似简单，但只有那些拥有坚定信念的人才能真正做到。在人生的漫漫长路上，能够始终坚定不移地走自己的路，并不是一件容易的事情。走自己的路，不代表着一意孤行，更不代表不听他人的忠言劝告；走自己的路，意味着你要有自己的特色，而不是随波逐流、毫无主见。要知道，只有当你走在未干的水泥道路上时，才能深深地留下属于自己的脚印。作为新时代的青少年，必须要选好自己的路，坚定地走到底，才能走出精彩的人生。

选一条适合自己的路，勇敢地前行，让别人说去吧。既然这是自己所选的道路，那就不要去管别人说什么。无论你脚下的这条路多么曲折崎岖、会有多少障碍，我们都要一直走下去，因为这是属于我们自己的路。无论艰难险阻，无论雨雪风霜，我们的脚都要坚定地踏在属于自己的道路上。

成功也会变成负担，如果你一直不肯放下

无论是在新闻里，还是在生活中，每个人都总能看到身边的成功者。成功并不是某些人的特权，只要找准自己的方向，并努力前行，你也有成功的那一天。但奇怪的是，有些人总是可以不断地获得新的成功，他们的人生仿佛可以无限地延伸。另一些人，则像是流星划过，一瞬间的灿烂之后，就消失得无影无踪。什么决定了这一切？是一个人对待过去的态度。

聪明人绝不会活在过去

"过去"这个词，对于一个人而言有着不同的意义。它可以代表一种美好的回忆，可以变成一次幸福的回味，可以成为对未来的一种鼓励，也可能变作对剩余人生旅程的负担。

如果你每每想起自己曾经的过去，你总是充满了无限的懊恼，或是

饱含了不舍的眷恋，恰恰你又总喜欢频繁地回忆自己的过去，那么，就可以肯定地说，你就是一个活在自己的过去的那种人。

一个人如果总是活在过去，就没有足够的精力面对现在。过去已经永远地过去了，再优秀也好，遗憾也罢，如果总是在影响着你的情绪和决定，或是让你变得自大，或是打击现在的信心，都是不可取的。总之，当你只习惯活在过去时，你的现在也必将被你的过去影响，坏的会变得更坏，好的也会受到不良的影响。

聪明人不会让自己始终活在过去的记忆之中，他们善于把自己的目光放在当下，放在自己正在从事的学业或者事业中。在聪明的人眼中，过去的早就已经过去，不应该再有任何过多的留恋或是彷徨，真正该好好把握的是现在。

过去，你或许有过成功的奋斗经历，也可能只有失败的苦涩，但不论你的过去是什么样，都不应该影响你的现在。过去的不可能重来，沉浸在过去之中，只会让你错过现在的机会。所以忘掉过去，把握现在。

莫让成功成为你的负担

成功对于每个人，都是烙印在内心中最深刻的渴望。每个人都会为了成功，付出自己最多的努力，不论是时间还是精力，都愿意全部投入到通向成功的历程中。

为了获得成功，相信每个人都想了很多、做得很多，但当你真正取得了成功，后面的路又该怎么去走？很少有人去思考这个问题，因为能否成功还是一个未知数，提前安排成功以后的道路，就显得没有任何意义。

成功之后，究竟该如何继续前行呢？许多人成功之后，像是完成了一次万里长征一样，只想着肆意庆祝，彻底放松。于是他们不断地参加各种娱乐活动，庆祝自己获得的成功。这次的成功就成了他们人生的最高点，他们沉浸在自己曾经的成功之中，再也不去努力，这份成功的回忆，就成了他们后半生的最大精神支柱。

　　取得了一次成功，就意味着拥有潜力和实力获取更大的成功，走向更高的山峰，但他们却被一次的成功束缚住了再次前进的脚步。或是一时的荣誉，或是长期的压力瞬间得到释放带来的空虚，让他们把曾经的成功当成了自我麻醉的工具。

　　成功，是上天对一个人之前所做出的努力的奖励，这份奖励是为了让你得到激励，从而不断地去攀登新的高峰。如果把激励当成了自我的满足，不继续努力，只抱着成功的果实安逸地逍遥下去，那成功就变成了负担，让人不再有前进的动力和勇气。

　　人生的价值在于不停地前进和持续地发展，成功的顶峰有着美丽的风光，但需要你不断地去攀登。如果因为一次的成功就裹足不前，成功就会变成你最大的负担，那你将再也无法品尝成功果实的甘甜，再也无法看到更美丽的风光。

把成功作为新的起点

　　取得了成功，意味着你之前的努力取得了回报，意味着你需要付出更大努力去获取下一个成功。成功，也像是对一个人精神的洗礼，让你能够看清楚自己，究竟是仅仅想品尝一次成功的快感，还是热爱这种付出努力取得提高的过程。

　　历史上的伟人巨匠，没有一个人是仅仅只获得一次成功就浅尝辄止，他们的人生由各种各样的成功构成，每一个成功，都代表了他们的一段人生经历，也正是这些经历，构成了伟人们的伟大一生。

　　这些人之所以伟大，之所以能够让后人念念不忘，就是因为他们做到了大多数人无法做到的事情。他们并不都是天才，也并不比旁人更容易获取成功，但无一例外的，他们都对于获取成功的努力过程充满了热情，成功的结果对他们来说并不重要，他们的眼光始终看向更高的方向。

　　在这些伟人眼中，成功就像是一条新的起跑线，在对他们说："嘿，快来开始新的征程吧！"他们总是会欣然踏上这条继续前进的道路，这种对待成功的态度，也是伟大与平庸的最大区别。

　　只要努力，每个人都会有取得成功的那一天，但你的人生中不应该只有这一次成功。生活那么精彩，如果停步不前了，只会给你的人生带来许多遗憾。把成功当成是新的起点，不要停下自己前进的脚步，让历史在你的脚下书写，去创造属于你的更多成功吧！

你要知道在什么时候说"不"

　　对于很多人而言，"不"这个字是很难说出口的。虽然只是很简单的一个字，但很多人都做不到在恰当的时候说出这个字。有些时候，自己无法说不，只不过会稍微延缓一下你成功的步伐，另一些时候，如果你没有果断地拒绝，那么你就会从前进变成倒退，甚至是飞速的倒退以至变为堕落。明确自己该在什么时候拒绝，是每个希望成功的人都要具备的能力。

学会拒绝，这会节省你的精力

　　无论是学习还是工作中，每个人都会遇到一些必须要去做，却又十分琐碎的事情。当自己的精力有限，不同的事情发生冲突之时，有些人选择了加班加点地完成，另一些人则试图让别人替自己去完成，从而节约自己的时间。

　　汤米刚刚毕业一年，在公司中，因为他年轻，同事们总是喜欢交给他一些杂活儿，例如帮同事打印一些文件，给其他部门的职员送些材料等。这些事情都十分琐碎，把汤米的时间切割得更为破碎。

　　但是汤米毕竟到公司时间不长，加上自己年轻，当大家张口拜托自己帮忙时，总是不知道该如何去拒绝。时间久了，大家也都习惯了遇到这些事情时就叫汤米去做，一旦汤米没有做好，大家还会对他表示不满，仿佛这些事情就应该由他负责一样。

慢慢地，汤米自己的工作进展缓慢，虽然他一直保持着十分忙碌的节奏，但却总无法在考核之中获得优秀的评价。最终，习惯了帮助所有人完成这些琐碎工作的他，在连续考核落后的情况下，黯然地离开了公司。

汤米的例子并不是少数，很多人因为自己年轻，或是初来乍到，所以不好意思拒绝同事们的一些不合理的要求，因此耽误了自己的宝贵时间。

面对不合理的请求，大胆地说"不"吧，每个人都有自己的任务，都有自己要承担的责任，学会拒绝，这会让你节省出精力，投入到让自己更快成长的方向上。

有些事情，永远不要去尝试

青少年朋友们因为三观的塑造还未完成，思想也不够成熟，所以对于一些事情的是非判断上会存在着错误的认识。

有些错误，犯了还可以改正，人生就是在不断地犯错并不断改正之中获得成长的，但有些错误一定要杜绝，一旦青少年朋友没有认清楚它们的危害，这些错误将会导致你遗憾终生，甚至改变自己人生的走向。

在成长的过程中，青少年朋友们总是难免会犯下诸如懒惰、控制不住情绪、贪玩、逆反心理等错误。这些错误也有很大的危害，青少年朋友们发现自己的不足之处就要积极改正，就可以在一定程度上弥补自己的错误导致的不好后果。

有一些孩子，或许是因为家庭的原因，或是因为自己被诱惑，他们犯下了诸如吸毒、伤人等十分恶劣的错误。这些错误，就会造成对自己或他人的身体的永久伤害，甚至触犯了法律，面临牢狱之灾。犯下这样的错误，污点将会携带一生，永远无法抹去。当你长大后，无论再怎样为自己年轻时的错误而后悔，都已为时过晚。

青少年朋友们，必须牢牢记住，有些事情永远不要去尝试，一旦没有拒绝，做了某些错误的事情，你们的人生或许就再也没有可能走入正常的轨道。

正确的判断决定了你的人生方向

人生是一个不断做决定，不断调整自己的决定的过程。一个人的决定，有时会遇到很多外力的干扰，如果不能清醒地做出判断，坚决拒绝那些试图影响自己做出错误决定的因素，那你的人生就难以走向正确的地方。

每个人都无法保证，自己现在所选的道路就一定是正确的。或许在人生的某个阶段，你会突然发现，自己选择的方向发生了偏差，需要做出调整。这时候，就需要你用最小的代价让自己重新走上正确的轨道。

拒绝他人很难，但更难的是拒绝自己。有些时候，理智和情感的斗争会难分胜负。在理智上，或许应该放弃某些决定，承认自己过去的失败，但情感上，自己已经付出了这么多的努力，为什么不能多坚持一下，或许是自己判断错误，或许仍然有可能会有奇迹的发生。

无论最终你做出怎样的决定，都建立在自己正确的判断之上。拥有了正确的判断，你才能很快地调整好自己，节约精力，节省时间。

对于那些误入歧途的人，要么是因为自己无法做出正确的判断，导致自己的决定错误，走上了歧途，要么则是不敢相信自己的判断，面对过去所做的努力，不及时改正，最终，明知道可能是歧途，却没有及时跳出来。

人生的道路充满了歧路，只有练就一双火眼金睛和一颗坚强的心，善于做出正确的判断，拒绝自己错误的延续，才能够让自己的人生一直走在正确的道路上。

把命运的决定权交给自己

奔向成功的路上，并不是所有的人都会选择努力这条道路。有些人总是寄希望于捷径的存在，所以，他们不断地尝试不同的方式，或是寄希望于依靠那些走在自己前面的人的帮助，或是盼望着天降贵人给予自己成功的金钥匙。但这些人，最终都不可能走到成功的终点，因为他们错误地把自己命运的决定权寄托到了其他人的身上。

你不可能永远依靠别人

人都是有惰性的，所以大多数人在遇到困难时，想到的第一件事就是向别人求助，从自己小时候的求助于父母，到后来的求助于老师、同学，再到工作后求助于同事、朋友。当养成了总是需要别人的帮助才能做成一些事情的习惯之后，就离不开别人的帮助了。

其实，寻求他人的帮助无可厚非，现在的时代不可能通过单打独斗成功，团队的作用被无限放大，合作的共赢精神也遍布整个社会之中。请切记，合作不是依靠，而是大家保持着个性的独立，互相形成能力的互补，才能真正地合作共赢。

当一个人拥有自己的独特才能，并且用自己的才能去填补团队的空白之时，这才是合作；当一个人总是要在别人的帮助之下才能做成事情，换句话说，他总是需要别人填补自己的空白，自己却无法对他人有任何帮助，就叫作丧失了自己能力的独立性，只能依靠别人生存。

每个人都有能力的局限性，在成长的阶段，他人的帮助和指导必不可少，这个"他人"可以是老师、家长、同学等。这些帮助和指导，不是以帮你完成任务为目的，而是为了帮助你更快地成长，更好地掌握这些能力和技能，以便你以后能够独立完成任务。

如果总是习惯于依靠别人的帮助，那你就失去了锻炼自己能力的机会，当你真正踏上社会的那一天，就不会找到自己的位置，最终将被社会淘汰。

投资什么都不如投资自己

有些人喜欢投资人际关系，他们热衷于交朋友，总是不吝啬为朋友花费时间和金钱，想自己遇到困难时，能够有足够多的人帮助自己渡过难关。

有些人喜欢投资古董，他们认为古董有着巨大的升值潜力，期待着多年之后自己持有的古董翻番再翻番，使得自己能够富甲天下。

还有些人喜欢投资股票，他们看到了许多股市之中的传奇故事，期待着自己也有着一本万利的机会，能够赚得盆满钵满。

这些投资都存在风险。投资人际关系的人，平日里的确交到了不少朋友，但你是无法区分他们是因为你的慷慨，还是因为你的个人魅力而聚在你的身边。当有一天，你遭遇了困境，需要大家解囊援助时，或许曾经的朋友转眼之间就会变得比陌生人还冷漠。

投资古董的人，或许你收藏的古董总是无人问津，而一旦自己走了眼，高价购入了赝品，那多年的积累同样打了水漂。

投资股票的人，只看到了高昂的收益，却忽视了巨大的风险。君不见，那些孤注一掷押上所有身家进入股市的人，最终大多都走上了家破人亡的道路。

这个世界上，唯有投资一样东西是永远不会有风险的，那就是投资自己。投资自己的学识，投资自己的眼光，投资自己的能力，投资自己的家庭，让自己的各方面都得到提高，这将会让你终身受益，而且永远不会白费。

投资自己，或许一时看不到收益，但是你所取得的成长，所得到的收获是实实在在的。即便一时不能把自己的成长变现，但只要你坚持投资自己，不断自我提升，那么当量变积累成质变那一天，那时的你自己就是人生的最大财富。

自己的命运掌握在自己手中

人生在世，短短几十年，你的选择和努力将会决定自己的命运。有些人把希望寄托在自己的努力和提高上，他们希望通过自己的双手，攀登上人生的巅峰；有些人则把希望寄托在旁人身上，总是幻想着有人在前方拉自己一把，让自己能够避开那些讨厌的崎岖和险峻。

选择了借助外力的那些人，相当于是把自己的命运拱手让给了旁人，让别人掌控了自己的命运。如果有一天帮助你的人一旦不再帮你，或者帮助你的人本身就坠入了命运的深渊，你又该如何前进？难道你还奢望再找到一个帮你的人吗？

选择了把命运把握在自己手中的那些人，必然也会十分辛苦，没有人能够帮自己走捷径，只能一步一步地走在崎岖的山路上，甚至有时还会徘徊在悬崖边上，身边危机四伏。艰辛的道路充满了各种危机，却也同样包含着机遇。只有自己亲自走过，才能体会沿途风景的美好，才能收获只属于你的体会。每一步虽然艰难，但每一步的前进，都能深深地烙印在自己的人生之路上，这样的命运才是完完全全地掌控在你自己的手中。

掌握在别人手中的命运，即便再如何多姿多彩，达到了何种高度，都不是属于你的东西，随时都可能被对方收走；只有攥在你自己手心的命运，才是真正属于你的东西，即使它没那么光鲜亮丽，却是任何人都无法夺走的。无论任何时刻，每个人都要把命运掌握在自己的手中，唯有这样，你才有走上巅峰的可能，才能拥有你自己的美好人生。

进取的态度引领你前行

一个学生，考到年级第一名或许就是他最大的目标；一个公司职员，能够成为公司的优秀员工，可能心里就会足够满足。但在我们看不到的地方，总有人比我们要出色得多，学校的第一名，放眼全国，或许会排在不知多靠后的地方；本公司内部的优秀，可能根本就无法达到另一个公司的合格标准。对于一个人而言，最怕的就是用眼前的成绩麻醉自己，而放弃了继续努力成长的机会。

永远不要放弃努力

很多人，在学习和工作中都付出了努力，但很少有人可以坦然地说，自己从未有过一刻放弃过努力。

能够努力一次两次，获取一定的阶段性成果，这样的人很多，能够始终保持努力，让努力贯穿在自己的整个人生中，这样的人却不常见。

一时的努力，可以让你取得几次满意的考试成绩，让你完成几回还不错的工作业绩，如果不能把努力坚持下去，那你的成长和进步也就仅止于此了。

人生之路短暂而又漫长，短暂的是因为人生最多也只有数十年，无法让你有机会能够看遍世间的所有人生百态；漫长则是因为人生的旅途总是充满了曲折和坎坷，努力去克服这些困难的过程，在心理上又会显得十分漫长。

在这样的人生之路上，一次两次的努力就如同大河上激起的几朵浪花，能够吸引到人们一时的注意。但浪花只是浪花，它的存在只是短短一瞬，它的影响也不可能持续很久。

不断持续地努力，可以让你的人生长河之中不断地激起朵朵浪花，不停息的浪花汇聚在一起，就会形成连绵不绝的滔天巨浪。浪花的存在只是一瞬，而连绵的波浪，才能激荡更长的时间，并且会让人久久难以忘怀。即便最终波浪消逝，但人们的心中，永远会记得你这名曾经的弄潮儿。

努力，不应该只是一时的冲动，也不能只是一段时期内的选择。努力不该有时间的限制，也不能给它设置尽头。真正渴望成功的人，永远不会放弃努力。

优秀没有终点

努力没有停歇和终止，优秀也不存在尽头。

哈佛大学，遍布着来自世界各地的优秀学子和精英，但无论来自什么地方的学生，都不敢说自己是哈佛中最优秀的，因为他们都深知一个道理：优秀没有尽头，不论自己现在做得有多好，总会有人做得比自己更好。

哈佛大学也是这样引导着自己的学生。虽然哈佛多年来都是世界排名第一的学府，但它也会有自己的不足。所以在哈佛，不论是教授还是学生，都保持着一种谦虚谨慎的态度，从不会摆出一副知识渊博的模样，因为他们在心中一直对自己说：我还不够优秀，还有很多人比我强得多，我必须要多学习，多努力。

或许有人会说，优秀就该展现出来，为什么要压抑着自己？的确，如果爱因斯坦在世，或许没有人敢承认自己会比他更优秀；如果爱迪生活过来，那么任何一个发明家也都是相形见绌。即便一个人真的得到了所有人的认可和信服，他的心中也不该认为自己已经足够优秀。

优秀永远只是相对的，无论一个人现在多么优秀，都有人比他更优秀。假如他真的战胜了全世界的对手，那他还需要战胜自己。每个人都有个最终极的对手，那就是自己本身。如果别人已经不可能比你更加优秀，就把现在的自己当作对手，不断超越自我，让自己变得更加优秀。

对于那些仍然有着很大上升空间的人而言，也不妨把战胜自己作为目标，即便一时难以超越身边的人，也可以不断地超越自己。优秀没有尽头，必须不断地去攀登新高峰。

不断进取，才有更夺目的人生

容易满足的人，往往小富即安，但每当他们在新闻中，在报纸上，看到那些成功人士出人头地的新闻，看到奇迹的诞生，都恨不得自己可以变成那个主角，不过这一切也只能是他们的幻想，幻想是不可能创造出奇迹的。

人生就像是跑在一条宽阔的跑道上，无数的人在奔跑，大家都在奋力地向前冲刺，希望自己能够成为领先的那个人。

人生的这场长跑，是个很漫长也很辛苦的过程，有些人在起步时还雄心勃勃，但随着向前奔跑，随着疲劳的来袭，脚步逐渐放慢。到了某一位置，可能会停步喘息，这时他们看着身后仍然有不少人被自己甩得远远的，或许心中会想：自己已经做得很好了，还有很多人比自己差得多。于是，就不再继续向前，满足于自己已经取得的成就。

还有些人，或许开始时并不引人瞩目，只是默默地在众人身后奔跑，但他们始终盯着自己前面的人，当那些领先于自己的人慢慢地减缓速度时，他们仍然保持着原有的步伐，稳定地超越这些人。慢慢地，他们的脚步越发熟练，也变得更加轻盈，他们面前的人，也变得越来越少。再到后来，他们就变成了整个跑道上的引领者，跑在了所有人的前面。

是起步好的人才能跑得好？不。是天赋出众的人才能领先？不。在人生的长跑中，起步和天赋都不是决定性的因素，真正让你能够成为引领者的，是不断进取的态度，是不懈努力的坚持，是不服输的意志。当你不断地进取、不断地超越时，终将成为所有人眼中最为夺目的那一个。

第十一章
忠　告

那些很重要却容易被忽视的事

在灾难中锻造，你会成长为更坚强的人

每个人的人生之路都有着一些相似的境遇，也有不同的地方。那些相似的，可能是每个人都会遇到的挫折、矛盾、打击和困难，但正因为大家都可能会遇到，就并不那么难以克服。有些遭遇，甚至对一个人而言可以称之为"灾难"的事情，则可能只发生在了你一个人的身上。面对着如灾难般的打击，大多时候都无法寻求前人的经验，只能靠自己去解决。能否战胜这些灾难，就是对一个人最大的考验。

无论发生何种不幸，都不能被打倒

对于毕业于哈佛大学的美国著名总统富兰克林·罗斯福来说，他的人生无疑是成功的。在美国的历史之中，只有罗斯福一人曾经连任过四届美国总统。在他的任期之中，不但成功地帮助美国率先摆脱全世界经济大萧条造成的经济危机影响，让美国社会重新恢复了生机，更是在第二次世界大战中，通过美国军队的参战，扭转了战争的进程，改变了胜负的天平。

但人们只看到了他光鲜亮丽的一面，却没有多少人知道，在取得这样的成就之前，他曾经遭遇过怎样的不幸、遇到过什么样的打击。幼年的罗斯福，出生在一个富足的家庭之中，在他很小的时候，小罗斯福并未展露出过人的天赋，只是平庸无奇，甚至相比于其他孩子还有些不如。家庭的教育给了他更长远的目光和追求，在他 14 岁之后，就开始逐渐展现出口才方面的天分。

从哈佛毕业后，罗斯福成了一名律师。几年后，他加入了政党并成了一名议员。就当他满怀壮志，准备实现自己的政治抱负之时，不幸降临了。在一次度假之后，罗斯福感染了脊髓灰质炎，不断的高烧、疼痛、麻木折磨着他，但这些困难并没有使罗斯福放弃理想和信念。在与病魔抗争的过程中，他一直坚持不懈地锻炼，企图恢复行走和站立能力，他用以疗病的佐治亚温泉在后来被众人称为"笑声震天的地方"。

最终，如所有人看到的那样，罗斯福战胜了这种会让大多数人绝望的疾病，重新站了起来，并且成了美国历史上最著名的总统之一，在他的主导下，改变了整个世界的格局。罗斯福的事迹告诉我们，无论发生何种不幸，都不能被其打倒。

灾难不是末日，而是另一段新生

当灾难来临时，大多数人的选择可能会是躲避，一旦确定自己无法躲开这个灾难，便会认命，便会放弃努力，静静等待着自己在灾难中沉沦和毁灭。

并不是每个人都会遭遇到灾难的侵袭，但每个人都不能保证自己永远都没有被灾难袭击的时候。不妨设想一下，如果有一天自己真的遭遇到不幸，那么你会怎么做呢？

面对着灾难和不幸，应该选择抗争，像罗斯福总统那样，去改变自己的命运。

罗斯福在遭遇到病魔这场灾难时，所遭到的打击可想而知，他本来有着大好的政治前途，但现在却可能要在轮椅上度过余生，但罗斯福本人并没有接受这种命运的安排，在他的眼中，这个灾难并不是末日，只是上天跟自己开的一个玩笑。

于是，罗斯福忍着病痛，进行恢复性的锻炼，一次次的失望，在他的身上都化作了爽朗的笑声。别人眼中的不忍和同情，他当作是自己的另一种动力。灾难的确降临在了他的身上，可他在灾难之中，硬生生地走出了属于自己的道路，开启了另一段新的人生。

软弱的人把灾难当作末日，只会在末日来临之时缩在角落中瑟瑟发抖，等待命运对自己的宣判；坚强的人把灾难当成是人生的一次洗礼，他们坚信命运掌握在自己的手中，并通过不懈的奋斗，在灾难过后开启了自己的另一段新的人生。

在灾难中锻造自己

平淡如水的生活，不仅仅乏味，而且会让你看不清楚自己，不了解自己的能力，不确定自己的位置。生活需要波澜，也需要挑战，让你能够更清楚地看到自己所处的地方，看到自己还有哪些成长进步的空间。

有些时候，除了你期待的挑战之外，还可能会有不期而遇的灾难的降临。面对灾难，逃避只会带来更快的灭亡，你需要勇敢地迎难而上，把灾难当作是锤炼自己的铁锤，虽然砸下后带来的是痛苦，但带走的会是渣滓和糟粕，留给自己的是更凝练的精华。

把灾难当作是锻造自己的机会，罗斯福更是深知其中的滋味。即便是被病魔折磨得瘫坐在轮椅上，他也只是把这些当成了锻造自己的过程中必经的痛苦。

数年的病痛，没有击垮罗斯福的斗志，无数次的努力尝试，就像是在灾难铁锤下，自发地调整自己的角度，让下一次的锤炼更加的透彻、更加的深刻。几年后，当战胜了病魔的罗斯福，再一次从轮椅上站了起来，用自己的双腿轻快地行走时，他就如同一柄被无数次锤炼锻造出的利刃一样，更加锋利，也更加坚韧。

多年后，在他竞选总统时，他的政敌用他曾经在轮椅上的过去，试图打击他在民众中的形象。但战胜了灾难的罗斯福，早已经在灾难中把自己锻造得无比坚强。他的这段经历，不仅没有变成自己的弱点，反而在民众心中树立了他更加坚韧和成熟的形象。最终，也正是他的这种坚韧和勇气，让他在美国的历任总统中，写下了属于自己的独特篇章，在历史上留下了辉煌的一笔。

灾难可以锻造出一个更坚强的人，关键在于你是否有勇气坚持下去，只要你愿意付出，在战胜灾难的那一刻，你就能得到超出自己想象的回报。

别太压榨自己，学会放松

不论是在学习还是工作中，总会有一些人非常努力，仿佛在他们的字典中从没有"休息"这个词语。但是凡事物极必反，当一个人不懂得放松自己，只会一味地压榨自己的时间和精力，那总会有那么一刻，你的人生这根弦会被自己崩断。努力学习和工作本没有错，但要学会放松自己。

劳逸结合，张弛有度

人不是机器，应该在疲劳后及时休息，养足精神后再投入到学习和工作中。人就像是一张弓，如果总是被张开到满弓，那只会导致更快地折断，如果总是不拉开，这张弓也会很快地老化失去弹性，只有适度地张开和松弛，才能保证弓不会损坏，也不至于放坏。

在学习和工作中，过度地紧张和繁忙，或者过度的安逸，都不利于我们身心的健康，也会导致学习和工作更难以开展。长期的观察研究表明，一个人的最佳工作状态应该是"忙里偷闲，闲中吃紧"。这样既可以保证状态的延续，又不会因为过度的紧张导致身体和精神出现问题。

对于现在的人来说，在繁忙的学习与工作中学会放松，并享受轻松生活的乐趣更像是一种艺术。它不仅可以给你带来更高质量的生活，还可以给你的工作带来更高的效率。如果你感觉到自己最近过于繁忙，导致压力山大的时候，一定要学会主动地为自己减压。例如，你可以提前做好科学的工作规划，当处于有计划地工作节奏中时，你的压力也会减小很多；不妨在平时多参加体育锻炼，不仅可以提高自身的抵抗能力，还能使自己时刻保持充沛的精力。

当然，不光要学会放松，也要注意避免过度的安逸，否则就会让人产生懈怠的感觉，这同样不利于学习和工作的开展。当你闲下来的时候，首先要保证充足休息，为紧接而来的学习和工作做好准备；当充分的休息之后，你就可以开始规划下一步的任务和流程。在新的学习和工作开始之前，也可以去图书馆读读书，多提高自己，以便迎接可能发生的各种挑战。如此劳逸结合，奋斗和放松交替进行，会让你的成长进步事半功倍。

学会苦中作乐

人生的模样，总结起来可以归纳为两种表象——苦与乐。人生的第一要务是生存下去，而生存就得吃苦。人生的苦分很多种，有疼痛，有离别，有付出，有失败，还有劳累、无知、死亡……吃苦是人生不可避免的经历，也是人生的一个阶段。吃过苦的人，才更理解人生的真谛，才更会懂得关心他人，才会变得成熟稳重，学会脚踏实地地做事。

很多人在不断地吃苦，却一直都没有弄懂为什么吃苦，没有弄懂苦的意义是什么。

吃苦，是因为你正在奔赴向快乐的途中。快乐，是人生最大的向往，是一件件愉快事情的积累。快乐的关键是把快乐融在精神中，让自己里里外外都快乐。不同的人，相同的事情带来的快乐也并不一样，因为真正的快乐是从自己经历过的苦中挖掘出来的，是伴随着苦延伸过来的。

苦中有乐，乐里有苦；乐极生苦，苦尽甘来。在你最痛苦的时候，窗外仍会有小鸟在快乐地歌唱；当你最快乐的时候，也同样有人正受着病魔的折磨，和死亡搏斗、挣扎。世界总是同样的模样，只是我们的心情和面对自己遭遇时的心态不一样而已。

曾任美国总统的约翰·肯尼迪，自小就不断地遭遇各种疾病的打击，在旁人的眼中就像是一个药罐子。这样的生活无疑是痛苦的，但肯尼迪从小就学会了在苦中作乐。这种乐观轻松的心态，影响了他的一生。正是因为他的这种特质，带给当时的民众更多的安全感和幸福感，在竞选总统时，最终赢得了大选。

即便身为美国总统，仍然有着种种不为人知的痛苦，更何况普通人。面对这些生活中的苦，学会苦中作乐，将会让你更好地放松自己的精神，更好迎接新的挑战。

你该怎样放松自己

当你不断地面对很多烦心的事情，变得有些想不开、睡不着时，那不妨这样放松自己。

首先你要记住，不管自己遇到了什么事情，都不要走极端，先冷静地思考解决的方法。你可以试着把自己当作一个朋友，心烦的时候和自己说说话。你可以对自己打气鼓劲：没什么大不了，一切总会过去，加油，我行的。这样就会带给你更放松的感觉。

找一个自己觉得舒服的环境和空间，在无人时让自己大吼几声，用吼声将自己内心深处的所有怨恨都喊出来，同样会让你舒服很多。因为大声吼叫可以给人心里带来一种满足感，从而达到减压的作用。

当你感到压力很大、心情压抑时，不妨找三五个好友，大家互相倾诉一下自己的想法和经历，当你说出自己内心的无奈和沧桑后，你的内心也会像是把压力甩出去了一样，这种把心里的话说出来的方式总会带给你一种想不到的惊喜，有机会就试试吧。

当你一个人时，可以通过接触大自然和风景的方式来放松自己。你可以尝试找个空旷的地方，静静地倾听风在你耳旁呼啸的声音，感受空气从你身边掠过的肆意感觉。享受这一时刻的空灵，带给你的是心情的宁静。

每个人都像是在演出一部生活的电影，你可以站在旁观者的角度，看着一个个不同的人生，演出不同的内容，也能给你带来启发，让你更好地放松自己的心情。

生活不应该只是学习和工作，放松的愉悦也是生活的一部分，学会更好地学习、更高效地工作，也要学会快乐地放松自己，这样的生活才是完整的人生。

尽早确定自己的目标，规划很重要

每个人都懂得，人生想要成功、想要出人头地，需要付出不懈的努力，但不是每个人都明白自己该朝什么样的方向努力。没有目标是大多数人的通病，他们也能看到别人的努力，也会自己去跟随着付出辛劳，可在努力之前，他们对自己的目标没有规划，这在短期内看不出影响，但放诸一生的长度，却会导致完全不同的结果。

方向决定你的走向

无论是在学校中，还是步入社会后，保持不断地努力、勤奋、忙碌，总不是件坏事。可问题在于，你首先要弄清楚自己到底为什么而忙。在你做每件事之前，都要先清楚做这件事的意义是什么、具有什么价值，而不是不管不顾地闷着头使劲儿干。不明白自己做的事情的意义，那结果往往是忙到最后让自己累得半死，却因为盲目而感到茫然。

人生的长度，说它长也的确很漫长，说它短也真的是很短暂。人的内心空间，说它小确实很狭小，说它大也真的是很宽广。在现在这个急躁和快速的时代里，人们的心灵总是赶不上生活匆忙的脚步，这是因为我们太忙了，忙得经常舍不得停下。有时我们自己也会茫然：我们到底要走哪条道路？我们为什么而忙？我们忙的意义又是什么？

当你在做事情之前，首先要考虑做的这件事情是否有意义。正确地忙就是做很多有意义的事情，而不是把精力浪费在那些没有意义的地方。

当一个人的人生有了明确的方向后，他所做的很多事情就更有针对性，能让自己在这个方向上走得更好、走得更远。而那些背道而驰的事情，就需要尽早放弃。事情的意义没有绝对性，同样的一件事对于不同的人会有着不同的意义。对于想要成为艺术家的人，让他去研究数学问题没有任何意义，对于数学家，让他把精力耗费于提高自己的艺术气息上面，显然也是件滑稽的事情。

没有方向的人，就难以判断一件事情对于自己是否存在明确的意义，更容易把精力浪费在太多不同的事情上，最终导致一事无成。所以，我们只有明确了自己的人生方向，才能在正确方向的指引下，保证自己的人生走向不会偏离。

尽早确立自己的目标

人的一生要有一个明确的目标，这个目标会在一定程度上主导我们一生的命运与成就，它也是驱使我们在人生中不断向前奋进的原动力。若是没有给自己定下一个明确的目标，那么人生就会虚耗大量的精力与生命在那些对自己没有任何帮助的事情上。就如同一辆没有方向盘的超级跑车，即使拥有着最强有力的引擎，仍是和废铁一般，发挥不了任何作用，甚至还会带来撞车的危险。

当给自己设定明确的目标后，就会在潜意识中带给你一种强大的能量。因为从你有了明确的目标开始，潜意识也随之开始自动地发挥它无限的能量，对你的人生产生强大的推动力，并且在这个过程中能够不断地校准和修正，把我们引向目标的方向。

当然，设定一个明确的目标并不是唯一最重要的东西，我们还需要明确要达成这个目标的原因，因为这个原因才是让人持续朝着目标前进的原动力。对于一个拥有着明确目标的人来说，他定下这个目标的目的，比他最终能够达成何种结果更加重要。

一个良好的目标，并不是要让你获得什么，而是能让你变成一个什么样的人。确立正确的目标，先是决定你要过怎样的一生，之后再去选择能够让你达成这个目标的工具，这样一来你的人生才不会有所偏差。

对于青少年朋友而言，确立人生的目标更是宜早不宜迟。尽可能早地确立自己的人生目标，不但可以使你能够先于他人思考自己的人生，还可以使你不会错过最适合学习成长的人生中最黄金的时期，让自己少走弯路，从而集中精力在自己真正要前进的方向上。

任何时候，改变永远不晚

并不是每个人都能够在自己年幼时，正确树立一生的目标和追求。可能当你已经不再年少时，才感到自己需要做出某些改变，不能再像过去那样生活。但你转眼或许又会犹豫，自己的人生已经走过了这么长的距离，现在才改变可能为时已晚了。

于是，很多人抱着这种想法，总是回头看着自己的过去，告诉自己："要是当时我这样或是那样做了，那么情况就会不同，比现在更好。"但是任何人都是无法改变过去的，除非你有一个时光机器。当你习惯了经常在头脑里重温过去，那你就只能永远地活在遗憾中，并不能改变自己的现在和未来。

毕业于哈佛大学的诺贝尔经济学奖获得者保罗·萨缪尔森，在他进入哈佛前，一直从事文学方面的学习，并获得了文学的学士和硕士学位。在旁人的眼中，他日后可能会是一个作家。但他却发现，自己的志向并不在文学中，于是他在别人的事业都已经步入正轨之时，却选择进入哈佛大学，师从著名经济学家阿尔文·汉森，转而研究经济学。看上去这是个不可思议的选择，抛下自己的过去，从零开始一段新的旅程。可正是这个选择，成了保罗·萨缪尔森的人生转折点，更是为这个世界增加了一位杰出的经济学大师。

保罗·萨缪尔森的故事告诉我们，当一个人意识到自己需要改变时，无论你的年纪多大，何时开始都不算晚。或许现实让你不能像小孩子一样，马上转变自己的人生方向，但是这并不影响你从现在就开始，一点点地做出改变。哪怕只是一个小小的改变和成功，你都能从中获取并建立自信，然后激励自己做出更多、更大的改变。

名师对你的影响关乎一生

人生的旅途上，人总是处在一个不断成长、不断进步的过程之中，这个过程大多都是由人自我发动，并持续下去的。人在年幼时，并不具备这种自我学习和进步的能力，这个时候，就需要来自外界的帮助，这些帮助一半来自于父母，另一部分则来自于老师。

老师——学生最容易看到并学习的榜样

在每个人步入社会之前，他的生活至少会有一半的时间是在学校里、在老师身边度过，而另一半的生活，还包含着吃饭、睡觉等时间。可以这么说，在学校的时间占据了一个人年幼时的绝大多数清醒的时间，并对一个人产生着深深的影响。

这种影响，更多地体现在老师的身上。当孩子的老师拥有着某些个人的专长和更好的教育理念时，孩子往往可以比在家长身边学到更多的东西，更快地拥有属于自己的独特想法，也会更快地变得独立、自强。

对于孩子来说，他们还不具备完善地判断是非的能力，大多时候只能是被动地接受，接受家长和老师教给他们的知识，告诉他们的思想。整个白天，孩子们都是生活在老师的影响之下，所以，大多数孩子会理所当然地把自己的老师视为自己学习的榜样和目标，并会下意识地模仿老师的言行，学习老师的处世方式。

在这样的情况下，一位好老师可以更好地用自己的日常行为，去影响每一个孩子，帮助他们树立起良好的三观和品德，培养孩子们的良好生活和学习习惯。名师出高徒，因为徒弟把师父作为自己的榜样去学习，才更容易学到师父身上的优点，将其变成自己成功的助力。

名师更富独特的个人魅力

那些真正的名师，不仅仅善于在教育的过程中，给学生们灌输最受用的知识，他们本身更是拥有着独特的个人魅力。可以这么说，名师大多不仅仅是一名优秀的老师，更是某些方面的成功者，可以带给学生更多的成长可能。

著名的经济学家詹姆士·托宾，就是这样一位极富个人魅力的人。当他从哈佛大学毕业后，加入到耶鲁大学从事经济学的教学工作，并成了一名年轻的教授。在他的个人品质中，无私是最让人印象深刻的。无论是面对学生还是同事，詹姆士·托宾都保持着一种无私的态度，从不吝啬于分享自己的研究心得，并总是能够积极地帮助身边的所有人。正是由于他对其他经济学家们的无私帮助，使他赢得了同事们对他的喜爱，他的这份无私，超越了他在经济学上的辉煌成就，赢得了更多人对他的尊重。经济学界对他的尊重，反映出了众人对他宽厚、谦和的绅士风度的赞许。在诺贝尔奖得主中，很少会有人能得到这样真挚美好的评价。

在詹姆士·托宾身边学习的学生，耳濡目染之下，不但能够获取更快的学业进步和成长，还能够深深地感受到他的这种优秀的个人品质。也正是如此，他的学生们也往往更能得到他人的尊重和敬佩，这就是一位名师带给学生们的更多方面的影响，这些影响不能简单地用学业来衡量，而是贯穿于生活之中。

名师所具备的优秀个人魅力，不仅可以让自己的学生在学业上更快地成长，更是能够通过自己的言行，让学生感受到自己的这份魅力，并带动他们改变自己，进而改变自己的人生，获取更大的进步空间。

名师带给你深入灵魂的影响

人的一生之中，总会遇到几个能对自己产生深入至灵魂影响的人。这些人会对一个人的人生产生深远的影响。

当一件事物可以影响到一个人的灵魂时，那这件事物必然是对这个人而言无比重要的；当一个人可以深入到另一个人的灵魂中时，那这个人不是他的至交好友，就是挚爱亲朋。在人的生命中，除了长辈、伴侣和挚友之外，自己最为尊敬的师长无疑也处于一个十分重要的地位上。

如果一个人的长辈不能很好地做表率，反而处处产生不好的影响作用，那这个人就难以形成自己的优秀品质，很可能会碌碌无为地度过一生；如果一个人总是交往一些狐朋狗友，那也没必要对他有什么更高的期待；同样的道理，如果一个人总是没有遇到名师，而是师从一些沽名钓誉之辈，那必然也难以在学业和做人上有所建树。

名师们总是能够用自己的个人魅力，深入到学生们的灵魂之中，用自己的思想对学生产生影响。

细数那些伟人巨匠，都无一例外地曾经接受过良好的教育，并且在他们的求学之路上，必然会存在着至少一位名师的身影。人的精神是可以传承的，当一个人用自己的言行，深入地影响了另一个人的灵魂，那就可以看作是另一种形式的精神传承。而师从名师的那些人，无疑拥有超过旁人的机会，去传承这些优秀的品质和精神。

青少年朋友们，或许你们处于一所极其普通的学校，不可能得到名师的指点。不过万事皆可为吾师，只要能够从任何震撼到的事情中发现可以学习的地方，那都可以以之为师。若是有机会跟随名师学习，那更是不要错过，名师的指点，会让你事半功倍，更快地走上成功之路。

毕业论文不是无意义的，好好完成它

当即将结束自己的大学生活之时，每名学子都会面临着同样的最终考验，那就是自己的毕业论文。有些人认为，自己在大学期间足够努力，学习成果也十分优秀，何必浪费时间在这最后的一篇毫无意义的论文上，还不如早点投入到社会工作之中来得更有价值。听起来似乎有些道理，可著名的哈佛校友大卫·洛克菲勒并不同意这种说法，在他的求学生涯中，非常重视自己的毕业论文。他曾说：不重视自己的毕业论文，就像是做事差了最后一步，即便一时看不出影响，但总会在未来的某天爆发出危机。

毕业论文的意义

大学生为什么要撰写毕业论文呢？它的目的主要有两个方面：一来是通过毕业论文，可以对学生在大学期间学到的知识与能力，进行一次全面的考核；二来也可以训练学生独立进行学术研究的基本功，培养出综合运用所学知识分析问题和解决问题的能力，不论未来是否从事科学研究工作，都可以打下一个良好的基础。

对于在校的大学学子而言，撰写毕业论文是对自己离开学校前进行的最后一次知识的全面检验，是对自己在这几年大学学习中，掌握的基本知识、基本理论和基本技能的一次最终测试。

每名学子在大学的日常学习中，都按照学校的相关课业要求，根据教学计划的规定，学完了自己的公共课、基础课、专业课以及选修课等。虽然每门课程结束后，都会通过考试或考查来检验学习成果，但是这种考核仅仅是针对某一门学科独立进行，主要考察的是大家对本门学科所学知识的记忆程度和理解程度，有着单一性和片面性。

但毕业论文则不同，它并不是一种单一的考试，而是着重考察学生们运用所学知识，研究并解决某一类问题的能力。想要写好一篇毕业论文，并不是简单地东拼西凑，而是既要系统地掌握和运用学到的专业知识，还要具备一定宽度的知识面和逻辑思维能力。

在日常学习中，有些学生会用心去理解知识，而另一些则只是死记硬背。这两种方式在课程的考试中或许不会有太过明显的差异，但遇到毕业论文这种需要系统地理解自己所学的知识，并灵活地运用在对某个问题的研究过程中的全面考核时，学习态度和方法上的不同就显露无遗。

通过撰写毕业论文，我们就可更加清晰和深入地了解科学研究的具体过程。撰写毕业论文的过程中，你会不断地收集、整理资料，观察、分析样本，操作仪器和设备，这也是一个极好的培养自己综合研究能力的机会。通过老师的指导，你可以在这个过程中发现自己的失误和问题，对自己进行一次全面地实践训练。这样当你在未来从事自己的事业时，就能够减少失误，少走弯路。

在这个实践的过程中，你不仅有机会把专业知识系统地整合在一起，而且还对其进行生动、切实、深入的学习。在你撰写论文的过程中，既可以印证学过的书本知识，又可以学到许多课堂和书本里学不到的实际动手体验。

做人做事都要善始善终

如果把大学生涯看作一个整体的话，那么毕业论文就是这个整体的结尾部分。这个结尾就像是一幅画作的最后一笔，如果画得好，就能成为画龙点睛之笔；如果画不好，那整幅画作都会被这一笔毁掉。

如果一个人不重视自己的毕业论文，那就说明他做事会忽视结尾的，那么当他离开学校进入社会后，也难以在工作中取得很好的成就。就像他那被自己忽视的毕业论文一样，所有工作的最终环节会变成他的短板。

行百里者半九十，即便你已经把自己 100 里的旅程走了 90 里，那也和走了一半没什么两样。甚至可以说，在你到达这百里的路程终点前，你都只是走在路上。只有当你冲过终点的那一刻，你才算是走完这次路程，才能品尝到成功的喜悦，在越过终点之前，你的一切努力都只是在做量变，越过终点，才是由量变达成了质变。量变到质变的瞬间，就在于你结尾的部分。把握不好自己的做人做事的结尾，总是忽视它，那你就始终只是在积累，却无法取得突破。

现如今，有些人做一件事，往往难以做到有始有终，更别说善始善终。能够有始有终，需要我们具备毅力和恒心，坚持不懈地奋斗。许多事情往往在开始时，只凭一股子冲劲儿，但后来随着时间的推移，我们渐渐就觉得厌烦了，于是冲劲儿就变成了懈怠、拖延，最终事情往往无疾而终，不仅仅浪费了开头所付出的那些努力，多次无法坚持到最后，也会带给个人信心的打击，让我们更加难以完整地做好一件事。

因此，虽然我们在做事时能够拥有一个好的开头是非常重要的一件事，但同时我们也要明白，拥有好的开端不过只是事情成功的一半。任何事的成功不仅需要我们做到"善始"，更需要我们坚持到"善终"，唯有不断努力，坚持奋斗到最后，才有可能为自己的努力赢得一个完美的结局。

人生中，每个人都会对自己的未来，进行形形色色的设想和计划。那些有毅力的人选择坚持，于是他们最后实现了自己的理想；那些没有坚定信念的人，一旦遇到困难，就知难而退。一个总是习惯放弃和改变自己计划的人，难以获得成功，因为他们的一生都在不断地制订计划，从没有认真地去完整地执行自己的计划。成功属于那些做事能够善始善终的人，没有顽强毅力的人，那就只能成为成功者的背景。

做你想做的，以自己喜欢的方式生活

在这个浮躁的年代，并不是每个人都明白成功的真正意义。许多人不惜哗众取宠，以博取众人的欢呼来装点自己。著名国学大师陈寅恪一生之中，从未有过任何的风光和出名的场景，但他却始终默默地坚持研究国学，无论身处何等环境，乃至最终双眼失明，都从未松懈过一天。正是由于他的这份坚守，才成就了一位国学巨匠，成就了自己的人生。

成功源自内心的坚守，而不是别人的欢呼

你是否思考过这个问题：成功究竟来自于何处？是什么带来了通向成功的钥匙？

有人说，成功来自一个人对于成功后喜悦的向往，所以才会努力地去追求成功；有人说，成功来自于功成名就后的荣耀，因此大家才会不

断地去追寻成功；有人说，成功就像是最美好的果实，为了品尝到果实的美味，我们才会不停地渴求成功。

其实，不论是喜悦，还是荣耀，抑或是渴求，你所在意的，都是成功的结果，更是成功之后你能得到的一切。当然，没有人会不喜欢在成功后享受众人的欢呼，感受到别人那羡慕的目光，但是，成功并不是只靠着对别人欢呼的向往，就能够坚持到最后的。太多的波折和挑战，不间断的打击和挫折，这些才是成功之前你生活的主旋律。

一个人，如果只是为了得到成功后这份众人的向往和瞩目，那他的内心无疑就会充满了各种浮躁、各种悸动，他无法容忍自己在成功前的道路上耽搁太久的时间，因为他早已迫不及待地幻想着自己成功之后的光鲜夺目，无时无刻不在盼望着成功在下一刻来临。可成功不会那么简简单单就按照你的设想到来，它需要你历经无数的艰难险阻，才会在重重挑战后向你露出一丝微笑。

成功的路上，能够支持你前行的只能是自己内心对成功的坚守，而不是无数对成功后自己生活的幻想。成功，源于对自己事业的热爱，这份热爱会让你能够战胜寂寞，战胜孤独，战胜一路上的挑战。只是期待着成功后众人的欢呼，那就会让你永远没有机会真正触碰到成功。

即便无人瞩目，依然要继续前行

很多人喜欢让自己的生活被镁光灯聚焦，只有博取到众多的眼球关注，他们才能感受到自己生活的意义。成功来不得半点投机，即便再多人的关注，如果自己没有足够的积淀和努力，那成功也只会始终在远处望着你，不肯靠近过来。

人永远是喜欢热闹的，所以众人的眼光绝不会关注你在成功前付出的努力，而只会注意到那些已经取得了成功的人。在你成功之前，大多数时候都只能够一个人默默地前行，无论前路是好是坏，因为，这条通向成功的道路上，很可能只有你一个人。

孤独有时会比困难更能摧毁一个人的意志，所以很多人倒在了成功的路上。并不是他们没有实力继续走下去，而是他们自己放弃了这段旅程，选择了退出。因为孤独，让他们无法忍受，所以他们退缩了，重新回到了那些聚满了人的镁光灯下，和其他人一起，仰望着已经取得成功的那些人。他们本有可能变成台上的主角，却因为自己无法继续坚持下去，只能永远站在台下。

成功的难度，有时并不在于你能力的高低，而是你意志的强弱。面对着无人瞩目的寂寞，你是否有勇气坚持到最后，将决定你是和众人一样站在台下，还是站在台上成为人们谈论的中心。做一个意志坚定的人，即便无人瞩目，也要坚持继续前行，这样才能够成为成功者。

追名逐利，会让你偏离成功的方向

成功，源于对自己内心所热爱的事业的不懈追求和奋斗。通向成功的道路，容不得半点投机取巧，更不能够被花花世界迷住了双眼。投机取巧，会让你遇到的困难越来越大，直至无法逾越，而迷住了双眼，则会让你看不清脚下的路，甚至一脚踏空跌落下悬崖。

那些真正取得成功的人，只会把精力集中在自己的目标上，任何对其他事情的关注，都会干扰到自己对成功的追求。

不幸的是，大多数人都没有意识到自己的错误，他们并没有全心全意地去追求成功的结果，而是把精力放在了追逐名利上。

对于这些人而言，追求成功成了他们获取名利的一个手段。他们眼中的成功，不在于自己事业的突破，也不在于内心理想的达成，而只是用名利来衡量。他们始终认为，只要自己获取了足够的名利，那就是最大的成功。

可成功岂能与名利混为一谈。名与利的追求，就如同买椟还珠一般，留下了糟粕，丢掉的却是精华。真正能让人的思想得以升华，让人生更有意义的，不是名与利，而是一个人对于事业的追求和对理想的执着，这样当他老去时，才不会为了年少时的虚度时光而后悔。

那些追名逐利的人，永远无法真正理解成功的含义，也不可能真正找到自己人生的方向。

成功的道路上，要放下一切名与利，全心全意地关注自己所定下的目标和理想，这样，你才不会偏离成功的方向。